无人机航测数据处理与农业应用

WURENJI HANGCE SHUJU CHULI YU NONGYE YINGYONG

王 帅　樊阳阳　齐康康　著

中国农业出版社
北 京

前言
FOREWORD

我国是农业大国，但不是农业强国。我国多种农产品产量位居全球前列。然而，与农业发达国家相比，仍然存在农业劳动生产率较低，以及化肥、农药平均施用量较高等问题。习近平总书记在参加十四届全国人大一次会议江苏代表团审议时强调，农业强国是社会主义现代化强国的根基，推进农业现代化是实现高质量发展的必然要求。近年来，我国提出了建设数字乡村战略，积极推动遥感、物联网、大数据等技术在农业农村领域的应用，推动农村生产生活方式向数字化转型；但与工业和服务业等领域相比，农业数字经济渗透率仍然较低，根据中国信息通信研究院发布的《中国数字经济发展研究报告（2023年）》，第一产业数字经济渗透率只有10.5%。

由于城镇化进程加快和人口老龄化等因素，我国农村适龄劳动力快速减少，土地流转速度加快，适度规模化经营主体增多，需要新的技术和模式来适应此变化，数字农业为解决上述问题提供了一条可行路径。数字农业的实现需要数字化农机装备支持。无人机作为一种新型农机装备，其大范围观测和作业能力特别适用于适度规模化农业经营模式，为数字农业发展带来了新的技术支撑。无人机通过提供空中视角的观察和作业手段，有效弥补了地面作业的缺点，具有更好的灵活性和更高效的作业执行能力，适用于农田精准化管理。一方面，无人机作为一种新型信息获取载体，能够搭载多种传感器获取田间数据，对作物长势、病虫草害等进行精准分析，为科学决策提供数据支持；另一方面，无人机可以搭载喷洒、播撒等设备，进行植保、施肥、播种等作业。

低空经济作为一种新的经济形态，已经成为我国经济的重点发展方向。2021年2月，中共中央、国务院印发《国家综合立体交通网规划纲要》，首次在国家规划中提出发展低空经济。2024年3月，工业和信息化部等四部门联合印发《通用航空装备创新应用实施方案（2024—2030年）》，提出“打造中国特色通用航空产业发展新模式，为培育低空经济新增长极提供有力支撑”。2024年7月，《中共中央关于进一步全面深化改革　推进中国式现代化的决定》

也提出，发展通用航空和低空经济。无人机在农业领域的应用作为低空经济的有机组成部分，面临更好的发展机遇。

无人机能够搭载多种传感器，如光学相机、多光谱相机、高光谱相机等，能获取丰富的地面影像信息。获取的影像信息经过必要的处理，生成相关数据产品，才能进一步被应用。无人机数据处理和应用过程涉及摄影测量学、GIS等专业知识，并需要使用多种处理软件，具有一定技术门槛。本书旨在系统地介绍无人机数据获取、处理、发布和调用过程涉及的基础知识，通过案例分析无人机数据在农业中的应用，以期促进无人机在农业监测领域的进一步推广。

本书共分7章。第一章为无人机基础，介绍了无人机概述、分类、组成和法律规范。第二章为无人机航测基础，介绍了无人机航测定义和特点、分类、作业，为如何获取高质量无人机数据提供了参考。第三章为摄影测量学基础，介绍了数字摄影测量概念、摄影测量常用坐标系、像片的内外方位元素、双像立体测图、解析摄影测量和解析空中三角测量，提供了理解无人机数据处理过程所需的基础理论。第四章为无人机航测数据处理软件，重点介绍了大疆智图和Pix4DMapper两个无人机数据处理常用软件，并提供了操作指南。第五章为无人机航测数据发布，介绍了TIFF文件、坐标系统、Web地图原理的基础知识，接着介绍了Tilemill和GeoServer两种数据发布软件及数据发布过程。第六章为Webgis开发框架介绍，介绍了Openlayers、Leaflet、Mapbox GL、CesiumJS 4种主流开发框架，并给出了代码示例，为无人机数据应用软件开发提供了技术参考。第七章为无人机农业监测应用，从无人机对地观测载荷、无人机农业检测应用场景两个方面进行了介绍，详细阐述了无人机在农业监测领域的应用。

本书的出版得到了多方的支持和帮助，凝聚了多个领域众多专家学者的智慧和见解。感谢山东省农业科学院徐浩、宋华鲁、梁志超、封文杰、王风云、唐妍，以及山东电子职业技术学院梁峰等的指导和建议。

由于本书涉及的专业知识面广，加之技术进步和软件迭代迅速，限于笔者的知识水平和采用的软件版本，可能存在不妥和错误之处，诚恳希望同行和专家批评指正，以便今后完善和提高。

著　者

2024年10月

目录
CONTENTS

1 无人机基础

无人机的发展史可以追溯到20世纪初。最初无人机用于军事目的，如目标靶机和侦察。随着电子和材料科学等领域的进步，民用无人机逐渐兴起。特别是2010年以后，无人机进入快速发展期，商用无人机市场日益繁荣，发展出众多机型，在农业监测和作业、物流配送、基础设施检查、影视制作、环境保护等方面都得到了广泛应用。如今，无人机已成为现代社会中不可或缺的工具，对日常生产和生活、现代战争等都产生了深远影响。

1.1 无人机概述

1.1.1 无人机定义

无人机（unmanned aerial vehicle，简称UAV），是无人驾驶飞行器的统称；是一种能够在没有人类飞行员直接控制的情况下，通过遥控或自主飞行系统进行飞行的航空器。

近20年，无人机在军用和民用两个领域都得到了越来越广泛的应用；但它并不是近代高科技产物，而是经过了百年发展的历史产物。

1.1.2 军用无人机发展史

一项新技术的出现往往从实现军用目的开始，无人机更是如此。1914年，第一次世界大战期间，英国计划研制一种无人驾驶空中炸弹，可以自行飞到目标上空消灭敌人，然而试验均以失败告终。直到1917年，美国皮特·库柏和埃尔默·A·斯佩里发明了第一台自动陀螺稳定器；这种装置能够使飞机保持在预定姿态或方向上的稳定性，这使无人飞行器成为可能。Q-2无人机，也被称为Radioplane OQ-2，是美国发明家霍华德·休斯（Howard Hughes）和他的团队在第二次世界大战期间开发的第一款可大规模生产的无人机，被视作现代无人飞行器的鼻祖。

1964年，在越南战争中，美军无人机第一次正式执行战场任务，负责配合载人侦察机执行侦察和目标指引任务。在整个越南战争期间，美军无人机执行了3 000余次任务，拍摄了1.4亿张照片，任务区域大部分是载人侦察机不宜前往的区域。

最先将无人机引入战场的是美国，而以色列则将军用无人机发扬光大。1973年，第四次中东战争爆发，以色列军队购入了大量无人机，并自行研制了“巡逻兵”无人机和“獒犬”无人机，成为现代侦察无人机的标准。此后，在发展侦察无人机的同时，以色列大力发展空射型诱饵无人机，研制出“参孙”和“妖妇”。在20世纪80年代初的贝卡谷空战中，以色列开创了在实战中大量使用无人机的先河。

自20世纪90年代以来，西方各国均认识到军用无人机的巨大应用前景，开始加强无人机研发，由此促成了无人机技术的迅猛发展。如今，无人机可完成情报侦察、中继通信、电子对抗、防空、制空、精确打击等多种任务，已成为影响作战进程的重要力量。

在2022年开始的俄乌冲突中，无人机对现代战争的颠覆性影响得到了更好的体现，小型低成本无人机成为影响战场走向的关键力量之一。

1.1.3 民用无人机发展史

相比于军用无人机，民用无人机起步晚很多，直到20世纪80年代才开始出现。

日本是最早将无人机用于农业植保的国家。1983年，日本农林水产省委托雅马哈公司研发单旋翼无人直升机。4年后，第一款用于喷洒的无人直升机R-50投入使用。经过30多年发展，日本已经成为植保无人机应用的强国。

1997年，澳大利亚Aerosonde公司研发出第一款气象无人机——Aerosonde（气象侦察兵）。2001年，美国利用该无人机进行了低空气象探测尝试，获取了近水面的温度、湿度和风速等气象资料。2005年，我国台湾科学家利用该无人机成功飞入台风“海燕（0121号）”的环流圈内，距台风中心最近距离仅150 km。

我国无人机民用化起步较早。1980年，西北工业大学在军用侦察-5型无人机的基础上开始研制民用D-4型无人机；1982年，试飞成功；1985年，投入小批量生产。这是我国第一款民用无人机，主要用于航空测绘和航空物理探矿。

2008年，在汶川大地震中，无人机被用于抗震救灾，获取了重灾区四川省德阳市绵竹市汉旺镇等地的航空遥感影像；并对山体滑坡、崩塌等导致的堰塞湖进行拍摄，用于对堰塞湖进行动态监测与风险评估。

2010年之后，民用无人机进入快速发展时期，消费级无人机迅速兴起，行业级无人机也进一步发展壮大，应用拓展到电力、快递、环保等领域。在此过程中，我国逐步成为无人机领域的领导力量，深圳市大疆创新科技有限公司成为民用无人机领域的龙头企业，全球近7成的消费级无人机、5成的工业级无人机产自广东省深圳市。

1.1.4 主流民用无人机的优缺点

1.1.4.1 优点

（1）适应能力强 无人机不受人的因素限制，可以深入极端恶劣的环境下，执行有人机无法执行的高危险性任务，如灾区救援、火灾监控、危险物质检测、战区侦察等，能够有效减少人员伤亡。多数小型无人机不需要专门的起飞跑道，对起降场地的条件要求不高，能够做到定点起飞、降落。

（2）低成本、高费效比 无人机的低成本体现在3个方面：造价低，相比于载人机，无人机制造成本低很多；飞行员训练成本低，相比于载人机飞行员几百万元的训练费用，无人机飞行员只需经过短期训练即可，费用极低；使用成本低，无人机的维护费用和飞行费用都比载人机低很多，可以高频次使用。无人机以极低的成本完成载人机的多种任务，达到了载人机无法比拟的高费效比。

（3）配置灵活、任务多元化 无人机系统改装方便，可以根据任务需要挂载多种设备，执行农药喷洒、包裹配送、交通监控等多元化任务。

1.1.4.2 缺点

(1) 抗风和气流能力差 多数民用无人机体积小、重量轻；在大风和乱流中飞行，飞机易偏离飞行线路，难以保持平稳的飞行姿态。

(2) 易受干扰 民用无人机多采用 2.4G、5.8G 等民用频段作为控制、传输频段；当有强信号干扰时，易造成信号失联。大多数无人机使用全球定位系统进行导航和定位，定位信号在城市或障碍物密集区域也容易受到干扰。

(3) 续航能力差 目前，民用小型无人机大多采用电池驱动，受制于当前电池技术水平，续航能力有限。续航时长通常在 30 min 左右，无法做到长时间滞空。

(4) 飞控冗余度低 考虑到开发复杂度和性价比等因素，民用无人机飞控大多冗余度较低，主要依赖单一的飞控单元；出现软件故障或电子故障时，容易产生坠机事故。

1.2 无人机分类

随着技术的不断发展，无人机的功能越来越强大，使用场景也在不断深化，无人机在尺寸、质量、航程、航时、飞行高度、飞行速度、任务等多方面都有较大的差异，产生了不同的分类方法。主流的分类方法有 5 种：按飞行平台构型分类、按用途分类、按性能分类、按任务高度分类、按活动半径分类。

1.2.1 按飞行平台构型分类

目前，主流无人机按照飞行平台构型可分为 4 类：多旋翼无人机、固定翼无人机、垂直起降固定翼无人机、无人直升机。

1.2.1.1 多旋翼无人机

多旋翼无人机是一种被广泛使用的无人机类型，通过旋翼（螺旋桨）产生升力，常见的有四旋翼、六旋翼、八旋翼。图 1-1 是六旋翼无人机。多旋翼无人机具有多组动力系统，通过改变不同旋翼之间的相对转速，控制无人机前进、后退和转向，从而控制飞行器的运行轨迹。

多旋翼无人机的优点是操作相对简单，能够垂直起降，对起降场地要求不高，可以随时悬停；缺点是飞行速度较慢、续航时间较短。

1.2.1.2 固定翼无人机

固定翼无人机是机翼固定不变，靠通过机翼的气流产生的压强差（伯努利定理）提供升力的一类无人机，如图 1-2 所示。固定翼无人机借助副翼、升降舵、方向舵实现无人机飞行需要的横滚、俯仰、偏航动作。

固定翼无人机的优点是飞行距离长、巡航面积大、飞行速度快。缺点是起降场地受限，需要通过跑道或者手抛起飞、弹射起飞，降落只能采用滑降或者伞降；无法悬停获取数据，操作难度比多旋翼无人机大。

1.2.1.3 垂直起降固定翼无人机

垂直起降固定翼无人机集成了多旋翼无人机和固定翼无人机各自的优点，以多旋翼无

图 1－1　六旋翼无人机

图 1－2　固定翼无人机

人机的方式起降，以固定翼无人机的方式飞行，如图 1－3 所示。它兼顾了多旋翼无人机垂直起降、安全便捷和固定翼无人机航速快、航程长的优点，对起降场地要求低、机动性好。

1.2.1.4　无人直升机

无人直升机与载人直升机结构相似，采用单旋翼加尾桨或者共轴双旋翼架构，由旋翼提供升力，如图 1－4 所示。无人直升机的优点是对起降场地要求小，可空中悬停，载重能力大，续航时间长；缺点是结构比较复杂，操控难度也较大。

图 1－3　垂直起降固定翼无人机

图 1－4　无人直升机

1.2.2　按用途分类

按用途分类，无人机可分为军用无人机和民用无人机。

军用无人机可分为侦察无人机、诱饵无人机、无人战斗机等。军用无人机使用方便、机动灵活、可以减少人员伤亡，在现代战争中的作用日渐突出。

民用无人机可分为航拍无人机、巡查无人机、农用无人机、气象无人机等。随着无人机技术逐渐成熟，制造成本和进入门槛降低，民用无人机市场正在迅速扩张，越来越多地被用于航拍、电力巡检、环境监测等领域。

1.2.3　按性能分类

根据 2023 年 5 月国务院、中央军委公布的《无人驾驶航空器飞行管理暂行条例》，无人驾驶航空器按照性能分为微型、轻型、小型、中型、大型 5 个类别。

微型无人驾驶航空器，是指空机重量小于 0.25 kg，最大飞行真高不超过 50 m，最大平飞速度不超过 40 km/h，无线电发射设备符合微功率短距离技术要求，全程可以随时人工介入操控的无人驾驶航空器。

轻型无人驾驶航空器，是指空机重量不超过 4 kg 且最大起飞重量不超过 7 kg，最大平飞速度不超过 100 km/h，具备符合空域管理要求的空域保持能力和可靠被监视能力，全程可以随时人工介入操控的无人驾驶航空器，但不包括微型无人驾驶航空器。

小型无人驾驶航空器，是指空机重量不超过 15 kg 且最大起飞重量不超过 25 kg，具备符合空域管理要求的空域保持能力和可靠被监视能力，全程可以随时人工介入操控的无人驾驶航空器，但不包括微型无人驾驶航空器、轻型无人驾驶航空器。

中型无人驾驶航空器，是指最大起飞重量不超过 150 kg 的无人驾驶航空器，但不包括微型无人驾驶航空器、轻型无人驾驶航空器、小型无人驾驶航空器。

大型无人驾驶航空器，是指最大起飞重量超过 150 kg 的无人驾驶航空器。

1.2.4 按任务高度分类

无人机按任务高度可以分为超低空无人机、低空无人机、中空无人机、高空无人机和超高空无人机。

超低空无人机任务高度一般小于等于 100 m；低空无人机任务高度大于 100 m、小于等于 1 000 m；中空无人机任务高度大于 1 000 m、小于等于 7 000 m；高空无人机任务高度大于 7 000 m、小于等于 18 000 m；超高空无人机任务高度大于 18 000 m。

1.2.5 按活动半径分类

无人机按活动半径可分为超近程无人机、近程无人机、短程无人机、中程无人机和远程无人机。

超近程无人机活动半径一般小于等于 15 km；近程无人机活动半径大于 15 km、小于等于 50 km；短程无人机活动半径大于 50 km、小于等于 200 km；中程无人机活动半径大于 200 km、小于等于 800 km；远程无人机活动半径大于 800 km。

1.3 无人机组成

一架无人机通常的组成部分包括机体、动力系统、飞行控制系统、遥控器、地面控制站、数据传输系统。此外，根据执行任务的不同，会加载不同的负载装置；以航测无人机为例，组成部分还可包括图像传输系统、摄像机、云台等部件。这里重点以电池驱动的多旋翼无人机为例，对无人机各组成部分进行说明。

1.3.1 机体

一般多旋翼无人机的机体包括 3 个组成部分：机身、机臂、起落架，如图 1－5 所示。机身是整个飞行系统的飞行载体，一般使用高强度、重量轻的材料，如碳纤维、PA66＋30GF 等。

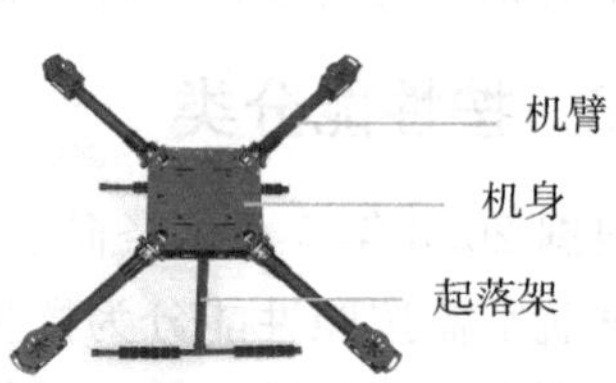

图 1－5　多旋翼无人机的机体结构

固定翼无人机的机体组成部分主要包括机身、机翼、尾翼和起落架，如图 1－6 所示。机身通常由轻质材料（如碳纤维或塑料）制成，以减轻重量并提高强度。机翼是产生升力的主要部分；机翼后缘有副翼，用于控制滚转运动。尾翼包括垂直尾翼（又称稳定器）和水平尾翼；垂直尾翼后缘有方向舵，控制飞行方向；水平尾翼后缘有升降舵，控制飞机升降。

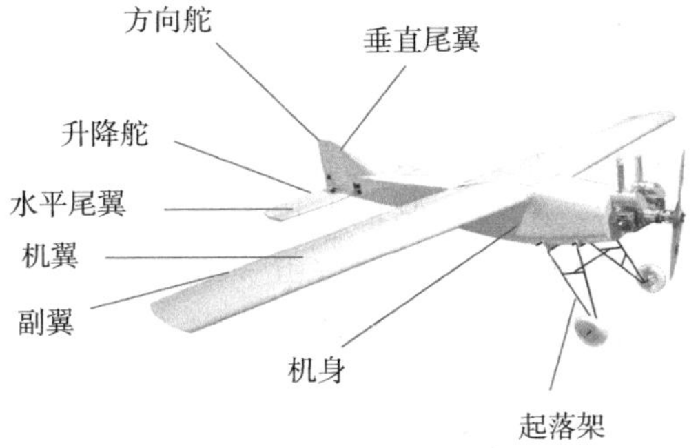

图 1－6　固定翼无人机的机体结构

1.3.2　动力系统

电驱动多旋翼无人机动力系统主要包括电池、分电板、电调、电机、螺旋桨，如图 1－7所示。

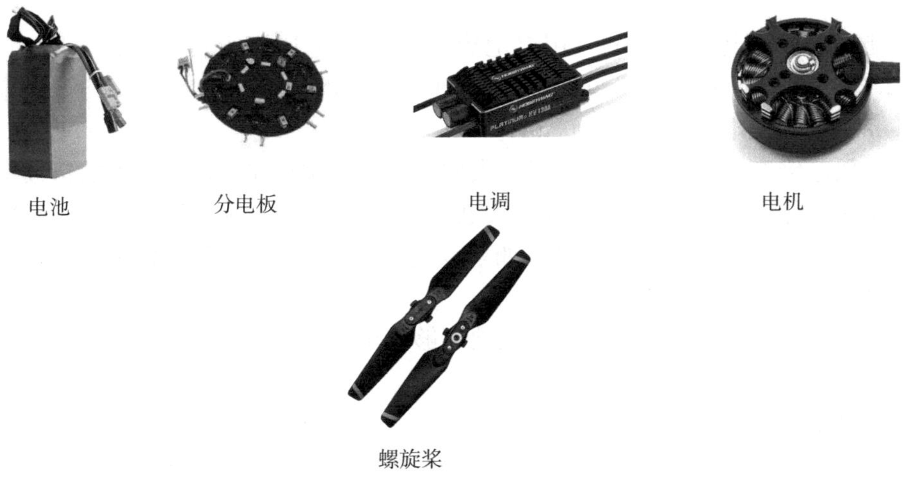

图 1－7　电驱动多旋翼无人机动力系统部件

1.3.2.1　电池

无人机使用的电池有多种。最常见的是锂聚合物电池（LiPo），其特点是能量密度高、重量轻、放电能力强。此外，还有锂离子电池（Li-Ion）、镍氢电池（NiMH）等。为提高电池的性能和用户体验，智能电池技术在无人机领域得到广泛应用。智能电池内置了电池管理系统（BMS），能够实时监测电池的电压、温度、容量和放电状态，确保电池在安全范围内运行；可以配合智能充电器自动调整充电速度，以延长电池寿命并防止过充。以大疆 FPV 智能飞行电池为例，其技术参数如图 1－8 所示。

电池容量：2 000 mAh
标称电压：22.2V
充电限制电压：25.2 V
电池类型：LiPo 6S
能量：44.4 Wh@0.5C
放电倍率：典型值10 C
重量：均值295 g
充电环境温度：5~40℃
最大充电功率：86 W

图 1-8　大疆 FPV 智能飞行电池技术参数

电池容量用“mAh”表示，是指电池以某个电流持续放电 1 h。图 1-8 中电池容量为 2 000 mAh，理论上能保持 2 A 的电流放电 1 h。电池的放电并非线性的，电池小电流放电的时间总是大于大电流放电的时间。

电池标称电压也称为额定电压，是指电池在标准规定条件下工作应达到的电压，一般单芯锂电池标称电压为 3.7 V。锂电池满电电压为 4.2 V，保存电压 3.85 V（40%～50%），保护电压（防止电池过放）为 3.6 V，满电存放过久或者电压低于 3.2 V 可能会发生电池鼓包。锂电池放电图呈倒 S 形，4.2 V 降到 3.7 V 和 3.7 V 降到 3.0 V 变化都很快；唯有 3.7 V 左右放电时间最长，几乎占到 3/4 的时间，所以锂电池的标称电压是 3.7 V。图 1-8 中电池为 6 个单芯串联电池，故标称电压为 3.7 V×6=22.2 V。

充电限制电压是锂电池的满电电压，则单芯锂电池的充电限制电压为 4.2 V。图 1-8 中电池为 6 个单芯串联电池，故充电限制电压为 4.2 V ×6=25.2 V。

电池类型给出了电池的材料和组成方式。图 1-8 中 LiPo 代表锂聚合物电池，6S 中的 S 表示串联（表示并联用 P），几个 S 就是几片单芯电池串联，6S 表示 6 个单芯电池串联。

电池能量单位为瓦时（Wh），用电池容量和标称电压相乘可以得出。图 1-8 中为 2 Ah×22.2 V=44.4 Wh。@0.5C 表示放电速率为电池容量的一半。图 1-8 中电池容量为 2 000 mAh，即放电电流为 1 000 mA。

电池的放电倍率表示了电池的瞬时最大放电能力，单位是 C，即最大的持续电流=额定电池容量×放电倍率。图 1-8 中电池放电倍率为 10 C，电池容量为 2 000 mAh，则电池的最大持续电流为 2 A ×10=20 A。如果该电池长时间以 20 A 及以上的电流工作，电池的寿命会变短。

最大充电功率是指在充电过程中，电池能够安全接受的最大电功率。这一参数通常由电池的设计、化学性质和制造标准决定。

1.3.2.2　分电板

分电板将电池电流分流到多个接口，为多旋翼无人机的多个电机供电。由于无人机驱动电流很大，因此对分电板线路过流能力要求比较高。

1.3.2.3　电调

电调全称是电子调速器（electronic speed control，简称 ESC）。根据电机类型，可分为有刷电调和无刷电调。目前，多旋翼无人机上使用的多是无刷电机，使用无刷电调。无刷电调根据飞行控制器的控制信号，将电池的直流输入转变为一定频率的交流输出，通过占空比调节电压平均值，以达到控制电机转速的目的。电调有 3 个重要的参数：支持的电压、最大持续电流或最大瞬时电流、重量。

电调输入的控制信号为 PWM（pulse-width modulation）信号，也称占空比信号。它表示高电平时长占整个信号周期的比例，典型 PWM 信号如图 1-9 所示。PWM 信号的频率没有具体规定，可以是 50 Hz、100 Hz、200 Hz、500 Hz 等。控制频率越高，其周期越短，控制间隔也就越短，电调和电机响应速度也就越快；反之，控制频率越低，其周期就越长，控制间隔就越长，电调和电机的响应速度就越慢。早期电调响应 PWM 信号的频率是 50 Hz，但随着科技的发展和对控制流畅度的要求，现在多数电调都支持 400 Hz 以上的 PWM 信号；并且电调内部自带滤波器，可以很好地响应并控制电机的转动。

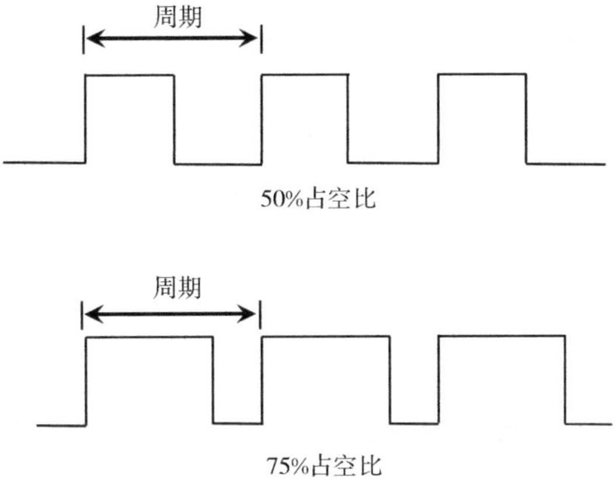

图 1-9　典型 PWM 信号

1.3.2.4　电机

电机主要分为两种：有刷电机和无刷电机。目前，无人机上使用的基本都是无刷电机。

有刷电机由定子和转子构成，定子上有磁极（绕组或永磁体），转子上有绕组，如图 1-10 所示。上电后，转子会产生磁场（磁极）；在定子磁场的作用下，电动机转动。通过改变电刷的位置，可以使定子和转子磁极的角度发生变化，使电动机的转动方向发生变化。有刷电机是由直流电供电的，所以一般又称为直流电机。

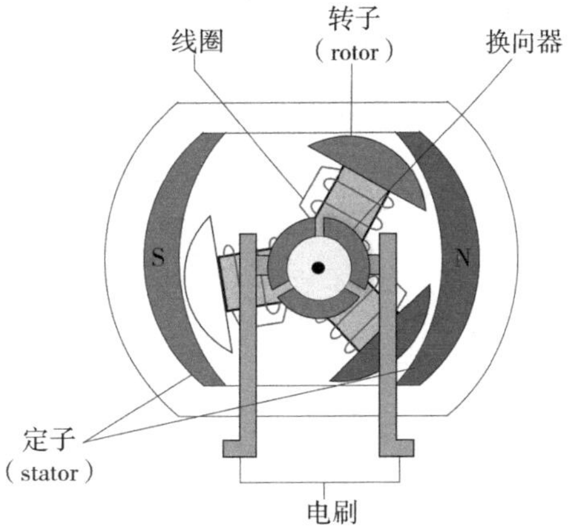

图 1-10　有刷电机结构

无刷电机也有定子和转子，转子由永磁体构成，定子由多个绕组（线圈）构成，如图 1-11 所示。无刷电机采用半导体开关器件实现电子换向（通常是霍尔传感器），即用电子开关器件代替传统的接触式换向器和电刷。通过霍尔传感器，可以实时检测转子（永磁体）的角度、位置，进而通过电调按一定顺序换流定子绕组电流，使定子保持连续旋转。相比于有刷电机，无刷电机具有可靠性高、无换向火花、低机械噪声等优势，因而被广泛应用。

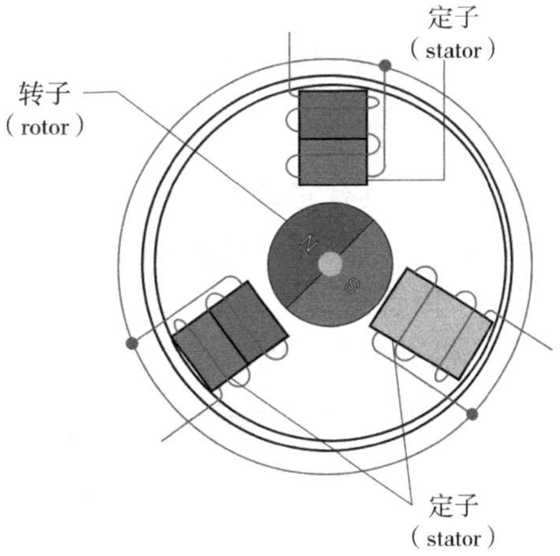

图 1-11　无刷电机结构

无刷电机核心参数主要包括尺寸、KV 值、线圈数 T。

(1) 尺寸　通常用 4 个数字表示；例如，3656 表示直径 36 mm、长度 56 mm。

(2) KV值 表示电压每增加1 V，电机的转速增加多少RPM（转每分），即转速＝KV值×电压。例如，300 KV表示电压为1 V时，电机空转转速为300转；电压为10 V时，电机空转转速为3 000转。

(3) 线圈数T 部分品牌用R表示，表示电机绕线圈数，又称为匝数。无刷电机圈数常见的是半圈，如4.5T、21.5T。绕线匝数多的，KV值低，最高输出电流小，但扭力大，电机形状扁粗。绕线匝数少的，KV值高，最高输出电流大，但扭力小，电机形状细高。

1.3.2.5 螺旋桨

无人机螺旋桨的主要参数包括直径、螺距、重量。

(1) 直径 螺旋桨的直径指螺旋桨的长度。在相同电机转速下，直径越大，其拉力越大；直径越小，其拉力越小。

(2) 螺距 螺距是指螺旋桨在一个完整旋转中推进的线性距离。螺旋桨叶片与转动平面存在一个夹角，这是转动时产生升力的原因。为了衡量这个夹角的大小，假设螺旋桨像螺丝钉一样沿着螺旋线转动并延伸下去，螺旋桨在螺旋线方向上两个相邻螺纹之间的距离即是螺距，如图1-12所示。螺距越大，螺旋桨倾斜角度就越大，在转速不变的情况下，升力越大；适用于高原地区的高原桨通常有比较大的螺距，以获得足够的升力。

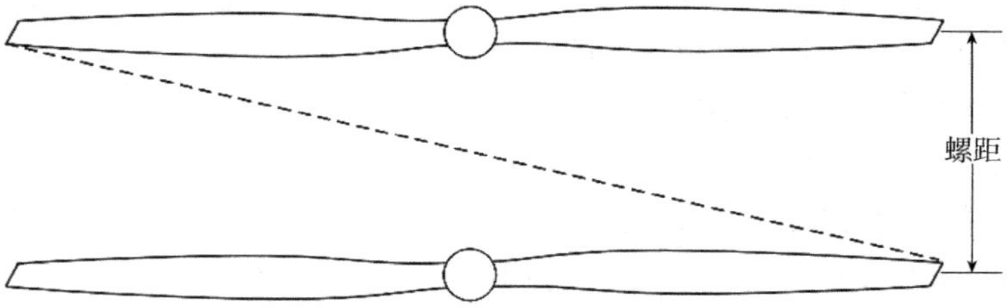

图1-12 螺距示意图

(3) 重量 螺旋桨的重量会影响无人机的整体重量和飞行性能，轻量化的螺旋桨设计有助于提高效率和续航能力。

1.3.3 飞行控制系统

飞行控制系统（简称飞控）是无人机系统的核心，由一系列传感器、机载计算机和控制软件组成，具有完成无人机姿态稳定和控制、导航和避障、飞行日志记录等功能。无人机飞控的核心组成部分包括传感器、微控制器和飞控算法等。

1.3.3.1 传感器

无人机飞控搭载的传感器主要包括IMU惯性测量单元和GPS两种。

(1) IMU惯性测量单元 通常由三轴陀螺仪、三轴加速度计、三轴地磁传感器和气压计组成。

三轴陀螺仪用于检测三轴角速度，能够测量俯仰（pitch）、滚转（roll）和偏航（yaw）时方向的变化率，通过将变化率对时间积分，可得出俯仰、滚转和偏航3个角度。陀螺仪在短时间内的结果精度较好，长时间的结果存在偏移，需要通过加速度计、地磁传感器等数据进行修正。

三轴加速度计能够检测三轴加速度，用于计算无人机的速率、方向、高度变化率，还可用于检测无人机的振动。

三轴地磁传感器通过感知地磁计算飞机的朝向，用于修正航向角。

气压计通过检测大气压力，换算出无人机高度，并通过所收集的数据协助无人机导航，用于准确估计上升与下降速度等。

（2）GPS GPS可以提供较为准确的位置信息。目前，用于测绘的大部分无人机都搭载了差分定位系统，其野外定位精度可以达到厘米级。GPS数据与惯性导航数据融合，可以解决惯性导航定位误差随着运行时间增大的问题。

1.3.3.2 微控制器

无人机微控制器负责整个飞控软件的运行，通常使用ARM芯片，常用的有Cortex-M或Cortex-A系列微控制器，部分高端无人机采用现场可编程门阵列（FPGA）实现。

1.3.3.3 飞控算法

飞控算法是无人机实现姿态控制、导航和稳定飞行的核心。常用的飞控算法有PID控制算法和卡尔曼滤波。

（1）PID控制算法 PID（比例-积分-微分）控制算法是一种广泛应用于自动控制系统中的反馈控制算法，通过连续调整控制输入以达到期望的输出，实现系统的稳定性和精确性。PID控制器由3个部分组成：

①比例控制（P）。根据当前误差（期望值与实际值之间的差异）进行控制；误差越大，控制输出越大。比例控制可以快速减少误差，但可能会导致稳态误差。

②积分控制（I）。根据过去的误差累积进行控制，解决稳态误差问题。积分控制可以消除稳态误差，但可能导致系统响应变慢和振荡。

③微分控制（D）。根据误差的变化速率进行控制，预测未来的误差并进行调整，从而提高系统的响应速度和稳定性。微分控制可以减小系统的超调和振荡。

PID控制算法是无人机飞行控制中最常用的控制策略之一，通过合理的参数设置和调试，可以实现稳定和高效的飞行控制。

（2）卡尔曼滤波 卡尔曼滤波（Kalman Filter）是一种数据融合算法，能够在存在噪声的情况下估计系统状态。卡尔曼滤波器由两个主要步骤组成：预测步骤，根据系统的运动模型，预测下一时刻的状态；更新步骤，结合新获得的测量数据，修正预测结果。

在无人机飞控系统中，卡尔曼滤波器用来融合来自惯性传感器、GPS、气压计等传感器的数据，从这些传感器数据中提取出更精确和稳定的状态估计，以提高无人机的飞行性能和稳定性。

1.3.4 遥控器

遥控器是无人机的无线控制终端，由遥控器和机载接收机组成，需要通过对频操作实现遥控器和接收机的一一配对。目前，主流遥控器使用的无线电频段是2.4 GHz和5.8 GHz。

根据操作方式的不同，遥控器可分为日本手和美国手，如图1-13所示。两种操作方式只是在遥控器通道映射上有所不同，没有其他本质区别。

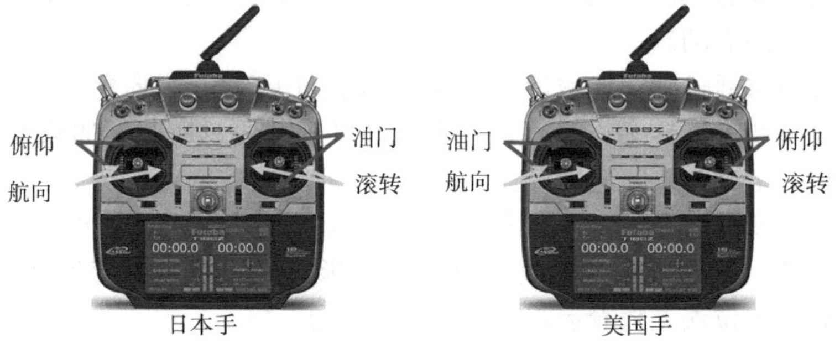

图 1-13　日本手和美国手

1.3.5　地面控制站

无人机地面控制站，简称为地面站，是整个无人机系统的重要组成部分。地面站通过数传链路接收无人机回传的各种信息，以图形化的方式实时监控无人机飞行姿态、位置和任务载荷数据，并可通过下发指令对无人机进行操纵。

地面站由硬件和软件组成。地面站硬件通常由便携式计算设备或工控机外接数传电路、天线组成。地面站软件通常提供任务规划、飞行监控、数字地图、任务回放等功能，常用的开源地面站软件有 Mission Planner（图 1-14）等，商用的有大疆地面站专业版（DJI GS Pro）等。

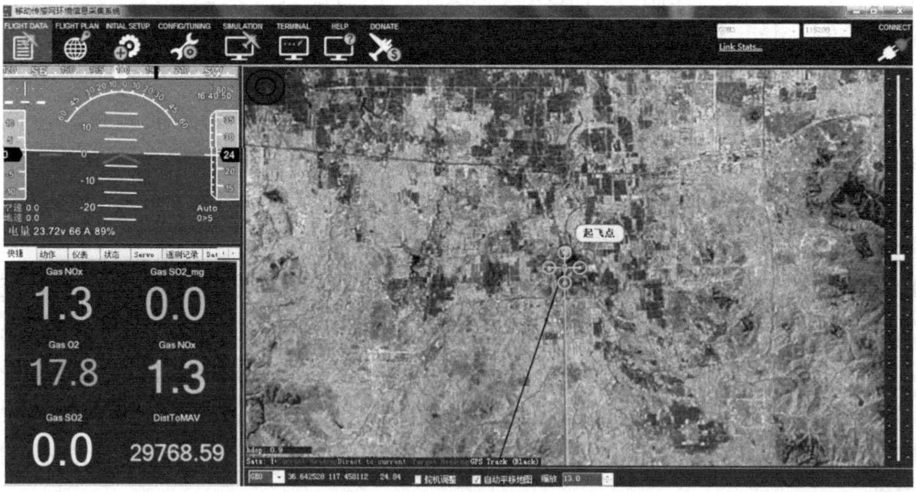

图 1-14　Mission Planner 界面示例

（1）任务规划功能　可以通过地面站软件设定航点（如起飞点、降落点、悬停点等）实现对飞行路径的规划。航点数据通过数传链路写入飞控系统，无人机将按照既定航点自动飞行。对于航测任务，地面站软件提供划定区域内自动路径规划功能，地面站软件会根据选择的飞行高度和旁向、航向重叠率自动规划飞行路线，提高了航测工作效率。

（2）飞行监控功能　地面站通过数传链路能够实时获取无人机飞行姿态数据、位置数据、载荷数据等，通过轨迹地图、软件仪表盘等方式进行可视化显示，实现对无人机飞行作业过程的全程监控。

(3) 数字地图 地面站通过加载网络地图实现数字地图功能，以进行无人机位置信息的可视化显示和飞行任务规划。

(4) 任务回放 地面站软件可以读取飞控日志信息，进而对飞行过程进行重放，方便定位和解决任务问题。

1.3.6 数据传输系统

无人机数据传输系统（data transmission system，简称无人机数传系统），是指用于无线传输无人机数据和控制信号的技术和设备。无人机数传系统通常通过安装在无人机和地面站上的一对数传电台建立数据链路，使用专用数传协议传输数据。常见的数传协议有MavLink和大疆的OcuSync。

MAVLink（Micro Air Vehicle Link）是一种轻量级的、开源的消息传输协议，主要包括消息头、消息体、校验和3个组成部分。消息头包含消息的基本信息，如系统ID、组件ID、消息序列号、消息长度等。消息体是具体要传的数据内容。校验和用于确保数据传输的完整性和正确性，校验和计算采用CRC-16-CCITT校验算法。MAVLink被PX4和ArduPilot等飞控系统作为数传协议使用。

OcuSync是大疆自主开发的一种商用无线通信协议，旨在提供高效、可靠的图像传输和控制信号传递，适用于各种无人机产品，如大疆的Phantom、Mavic等系列。

1.3.7 云台

云台是无人机上用于安装和固定摄像机等任务载荷的支撑设备。目前，主流航测无人机使用的云台为三轴电动云台，如图1-15所示；通过电机提供俯仰、偏航、滚转3个自由度，并与无人机自身的3个自由度解耦，增加云台稳定性。

图1-15 无人机云台

1.3.8 图像传输系统

无人机图像传输系统，简称无人机图传。它利用视频压缩技术、信号处理技术、信道编码技术和调制解调技术，将无人机摄像机拍摄的画面实时传输到地面显示设备。无人机图传主要有模拟图传和数字图传两种。

模拟图传使用模拟信号传输视频信号，常见的格式有NTS和PAL。模拟图传发射器和接收端在一个频段工作，就像广播一样。其优点是价格便宜，便于多人观看，延时小；缺点是容易受干扰，画面不稳定。

数字图传通过数字编码压缩技术对视频进行编码后传输（如H.264或H.265）。其优势是视频传输质量高，可靠性高，容易适配手机和平板电脑等设备；缺点是价格高，普通产品时延较大。目前，市场上主流无人机多采用数字图传。

1.4 无人机法律规范

无人机应用应遵循中国民用航空局的相关规定，依法作业。目前，无人机作业相关的规范性文件如下：

(1)《无人驾驶航空器飞行管理暂行条例》 由国务院、中央军委于 2023 年 5 月公布，2024 年 1 月 1 日起施行。该条例目标是规范无人驾驶航空器飞行及有关活动，促进无人驾驶航空器产业健康有序发展，维护航空安全、公共安全、国家安全。

(2)《民用微轻小型无人机驾驶航空器系统运行识别概念（暂行）》 由中国民用航空局空管行业管理办公室于 2022 年 3 月 11 日下发，目的是可靠识别飞行阶段的无人驾驶航空器，降低航空活动的碰撞风险，保障航空安全和公共安全。

(3)《无人驾驶航空器系统作业飞行技术规范》 此规范为航空行业标准，由中国民用航空局于 2018 年 8 月 21 日发布，2018 年 11 月 1 日起实施。该规范从基本要求（人员、设备、作业环境）、作业组织与实施、信息传输与数据要求、维护与保养、异常处理、其他要求等方面规范了无人机作业过程。

(4)《民用无人机驾驶航空器经营性飞行活动管理办法（暂行）》 由中国民用航空局运输司于 2018 年 3 月 21 日下发，2018 年 6 月 1 日起生效。该办法适用于在中华人民共和国境内（我国港澳台地区除外）使用最大空机重量为 250 g 以上（含 250 g）的无人机驾驶航空器开展航空喷洒（撒）、航空摄影、空中拍照、表演飞行等作业类和无人机驾驶员培训类的经营活动。

(5)《民用无人驾驶航空器实名制登记管理规定》 由中国民用航空局航空器适航审定司于 2017 年 5 月 16 日下发。该规定适用于在中华人民共和国境内最大起飞重量为 250 g 以上（含 250 g）的民用无人机，要求自 2017 年 6 月 1 日起，民用无人机的拥有者必须进行实名登记。2017 年 8 月 31 日后，未按照规定实施实名登记和粘贴登记标志的，将被视为违反法规的非法行为，其无人机使用将受影响，监管主管部门将按照相关规定进行处罚。

(6)《民用无人驾驶航空器系统空中交通管理办法》 由中国民用航空局空管行业管理办公室于 2016 年 9 月 21 日下发。该办法对无人机的空域使用进行了规范，其中规定“民用无人驾驶航空器仅允许在隔离空域内飞行”。

(7)《轻小型无人机运行规定（试行）》 由中国民用航空局飞行标准司于 2015 年 12 月 19 日下发。该规定明确了民用无人机机长的职责和权限、民用无人机驾驶员资格要求、飞行注意事项等。

(8)《民用无人驾驶航空器系统驾驶员管理暂行规定》 由中国民用航空局飞行标准司于 2013 年 11 月 18 日下发。该规定对视距内运行、超视距运行、融合空域、隔离空域等进行了定义，并对不同情况下无人机驾驶员的管理进行了规定。

2 无人机航测基础

无人机航空摄影测量（简称无人机航测）是传统航空摄影测量的有力补充。在进行传统航空摄影测量时，由专业驾驶员驾驶飞机在目标区域上空执行直线航带飞行，由专业摄影测量人员控制相机对目标进行拍摄，适合大区域的航测作业。相对于传统航空摄影测量，无人机飞行过程和拍摄过程都是完全自动化的，具有机动灵活、高效快速、精细准确、作业成本低、适用范围广、生产周期短等特点，在小区域和飞行困难地区的高分辨率影像快速获取方面具有明显优势。

2.1 无人机航测定义和特点

2.1.1 无人机航测定义

摄影测量学是通过影像研究信息的获取、处理、提取和成果表达的一门信息学科。1988 年，国际摄影测量与遥感学会（International Society for Photogrammetry and Remote Sensing，ISPRS）在日本京都第 16 届大会上对摄影测量与遥感的定义为，摄影测量与遥感是对非接触传感器系统获得的影像及其数字表达进行记录、量测和解译，从而获得自然物体和环境的可靠信息的一门艺术、科学和技术。

按摄影距离的远近分类，摄影测量学可分为航天摄影测量、航空摄影测量、地面摄影测量、近景摄影测量和显微摄影测量。航空摄影测量是将摄影机安装在飞机上，对地面进行摄影，是摄影测量最主要的方式。无人机摄影测量就是航空摄影测量的一种。

随着我国经济社会的飞速发展，各领域对大比例尺、高分辨率、高现势航空遥感影像的需求也快速增长，传统的航天摄影测量和航空摄影测量已经不能满足一些场景的应用需求。航天卫星遥感技术的优势在于可以获取大范围的空间地理信息，但受卫星回归周期影响，难以做到随时获取目标地区的信息；同时，其轨道高度较高，空间分辨率难以做到很高，且易受云层等气候因素影响。传统航空摄影测量方式采用大型飞机、中型飞机，受空域管制、气候、机场设施等因素影响较大，缺乏快速机动能力，使用成本较高，难以应对目标面积小、成图周期短的测绘任务。

无人机航测技术的出现，有效地弥补了传统航空摄影测量的不足。无人机航测系统通过集成高自主无人驾驶系统、高精度空间定位仪（机载 RTK、PPK）、高分辨率影像传感器（可见光数字相机、多光谱数字相机）等，达到快速获取测区的高分辨率数字影像的目标。无人机航测取得的数据通过软件加工后生成 DEM、正射影像图、三维实景模型等数据产品，被广泛用于智慧城市、精准农业等领域。

2.1.2 无人机航测优势

无人机航测与传统航空摄影测量相比具有多方面优势，主要体现在以下 4 个方面。

2.1.2.1 低成本

无人机航测的低成本体现在两个方面：一是无人机航测系统购买成本低，从几万元到几十万元各种价位档次都有，比有人驾驶飞机价格要低很多。二是无人机航测系统运营成本低，体现在无人机维护费用低、驾驶员培训费用低、作业成本低等。低成本降低了无人机航测的入门难度，一般单位和个人都有能力负担，有效推动了技术的快速普及。

2.1.2.2 高精度

无人机为低空飞行，配备有高分辨率相机或传感器，能够获取非常清晰的图像数据。其精度通常可以达到厘米级，符合 1∶1 000 甚至 1∶500 的测图要求，能够满足各种需要精细测绘的场景。

2.1.2.3 高机动性和安全性

无人机无需专用起降场地、升空准备时间短，受空中管制和气候的影响较小，特别适合应用于建筑物密集的城区、丘陵等复杂地形区域。能够在发生火灾、地质灾害等危险区域进行拍摄；即使设备出现故障，也不会带来人员伤亡，具有高安全性。

2.1.2.4 高效率

无人机能够在短时间内覆盖大面积区域，相比传统地面测量，数据采集速度大幅提升。其高度自主化飞行能力大大降低了操作难度，减少了作业时间。同时，无人机航测将大量野外工作转为内业处理，通过计算机自动处理大大降低了劳动强度、提高了工作效率。

2.1.3 无人机航测缺点

2.1.3.1 姿态稳定性差，旋偏角大

由于无人机自身质量小、惯性小、受气流影响大，俯仰角、侧滚角和旋偏角较传统航测来说变化比较快，造成影像的倾角过大且倾斜方向没有规律，倾斜幅度远超传统航测规范要求。在数据处理时，由于图像比例尺差异大，会降低灰度匹配的成功率和可靠性。

解决姿态稳定性问题，主要还是需要通过优化无人机飞控系统的算法设计和提高传感器精度来实现。此外，在作业时，应选择合适的飞行时间，避开风速较大的天气。

2.1.3.2 像幅小、影像数量多、基高比小

由于无人机姿态易受风速等因素影响，会造成航带排列不整齐、重叠度（航向重叠度和旁向重叠度）变化幅度大，甚至出现漏拍的情况，如图 2-1 所示。为了保证测区没有漏拍，通常采用加大航向和旁向重叠度的方式；同时，无人机携带的摄像设备像幅小，在保证预定重叠度的情况下，影像数量会大量增加，导致后期数据处理的工作量显著增大。更大的重叠率会造成影像基高比变小，这会降低高程精度。航向重叠度和旁向重叠度的不规则，也会对数据处理过程中连接点的提取和布设带来困难。

上述问题目前主要依赖无人机航测处理软件进行解决。无人机航测处理软件可以进行航带偏移修正，通过多线程、GPU 加速等技术提高图像处理效率。

2.1.3.3 影像畸变大

无人机航测系统主要采用 CCD 数码相机作为成像系统。相比于专业航摄仪，其影像畸变大，边缘地方畸变可达 40 个像素以上，会影响空中三角测量的精度。影像畸变问题可以通过相机检校软件进行修正。

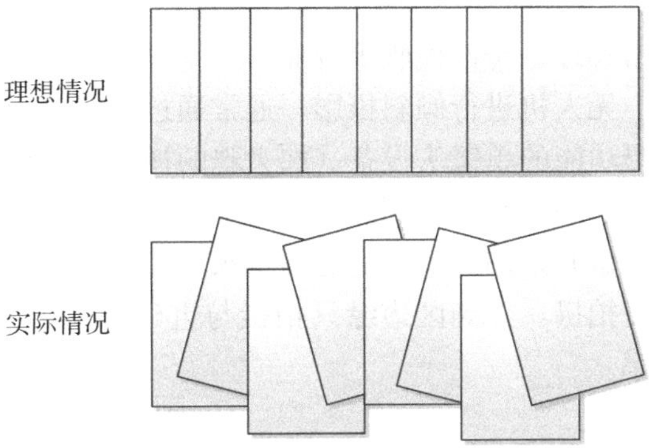

图 2－1　无人机航测图像示例

2.2　无人机航测分类

根据无人机作业过程中影像拍摄方式的不同，无人机航测目前主要分为正直摄影测量和倾斜摄影测量两种。

2.2.1　正直摄影

正直摄影是指，摄影形成的相片对中，两相片的主光轴彼此平行，且垂直于摄影基线的摄影方式，如图 2－2 所示。

无人机在执行正直摄影测量时，将摄像机调整为固定垂直向下，通过地面站设定拍摄区域边界、航向、旁向重叠度；地面站会自动规划航线，并计算拍摄点。一般要求航向重叠度为 60%，最少不得少于 53%；旁向重叠度为 30%，最少不得少于 15%。当地形起伏较大或地面景物区分度较低时，需要适当增加重叠度。

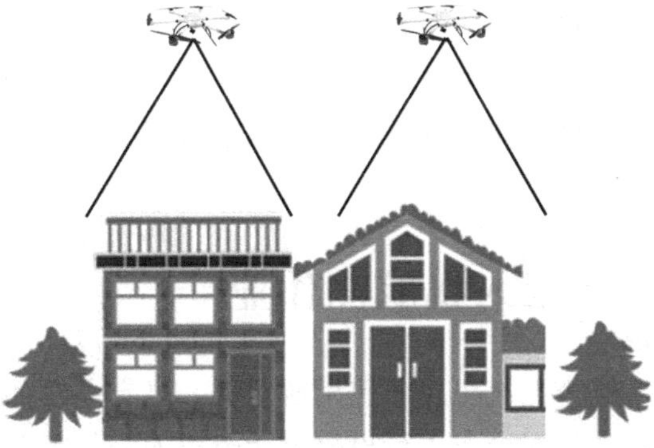

图 2－2　正直摄影示意图

无人机正直摄影结果可经由航测处理软件处理成 DOM 数字正射影像成果（通常输出 TIFF 文件）等产品。正射影像图同时具有几何精度、数学精度和影像特征，信息量大、内容丰富、直观真实，数据结构简单，有良好的判读与量测性能，可用于征地拆迁、城市规划、土地管理、环境分析、绿地调查、河道管理等方面。

2.2.2　倾斜摄影

倾斜摄影技术是国际测绘领域近年来发展起来的一项高新技术，它突破了正直摄影只能从垂直角度拍摄的局限，使相机可以从多个角度拍摄地物，获得更好的三维重建结果，如图 2-3 所示。倾斜摄影技术在欧美等发达国家已被广泛应用于应急指挥、国土安全、城市管理、房产税收等行业。

无人机进行倾斜摄影，通常通过挂载倾斜摄影专用五镜头摄影测量设备或带智能摆动拍摄功能的单镜头设备（如大疆的禅思 P1）实现，如图 2-4 所示。五镜头摄影测量设备可以在一个拍摄点同时获取 5 个不同朝向的影像数据，拍摄结果三维呈现效果好；但会产生大量冗余图片，给后处理带来压力。带智能摆动拍摄功能的设备由飞控自动控制进行多角度拍摄，在测区边缘只拍摄与重建相关的照片，能够精简拍照数量，大幅提升后处理效率。

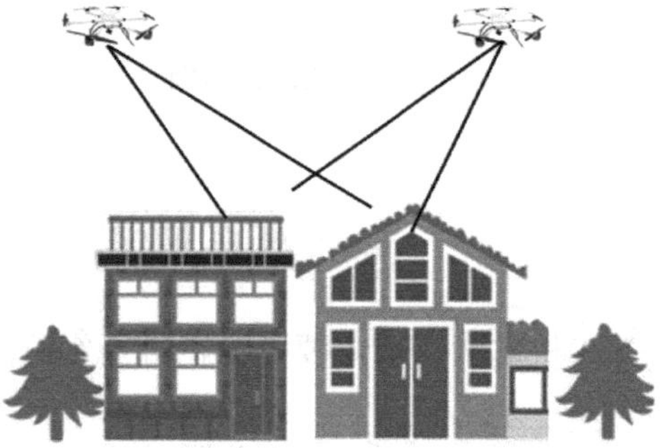

图 2-3　倾斜摄影示意图

图 2-4　倾斜摄影测量设备

在倾斜摄影出现之前，传统三维建模通常采用专业建模软件进行人工建模，如 3ds Max、AutoCAD 等。这种方式制作出的模型数据精度较低，纹理与实际效果偏差较大，生产过程需要大量的人工参与，制作周期长。

倾斜摄影测量技术可以大范围、高精度地全面感知复杂场景，获得的三维数据可以真实地反映地物的外观、位置、高度等属性，增强了三维数据所带来的真实感；同时，通过使用全自动化处理软件，提高了数据处理的时效性，弥补了人工模型仿真度低、周期长等缺陷。

2.3　无人机航测作业

航测无人机属于民用航空器，具有一定的使用风险。无人机不规范使用会危及国家安全和公共安全，飞行事故可能造成人身伤害及较大的经济损失。因此，在使用无人机进行航测作业时，必须严格执行国家相关管理规定，进行必要的空中管制协调与申报，并由具备飞行资质的专业人员实施作业。

2.3.1　无人机航测作业总体流程

无人机航测作业总体流程如图 2-5 所示，分为外业和内业两部分，外业主要包括执行无人机作业和像控点布设及测量。内业则利用外业取得的数据，通过专业软件处理，得到航测产品，包括 DEM、DOM、DLG 等。

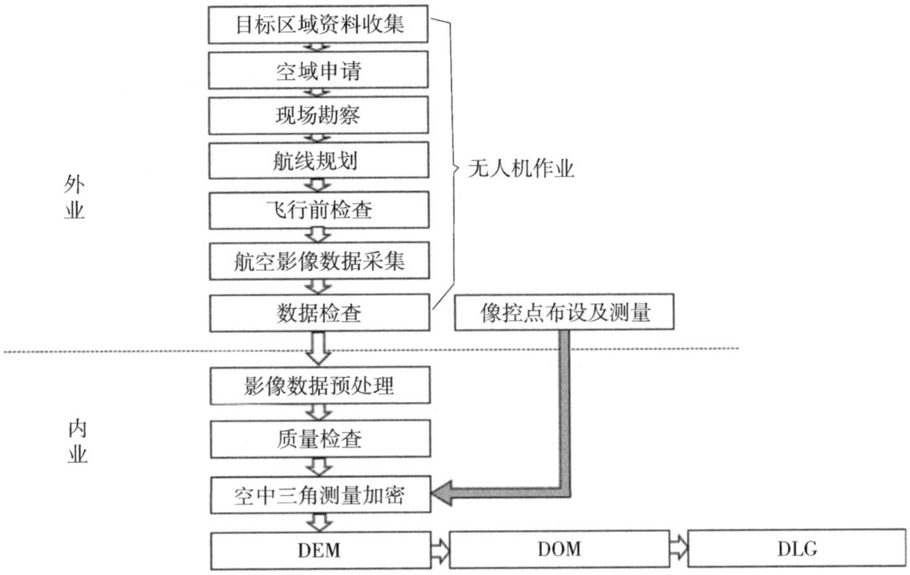

图 2-5 无人机航测作业总体流程

2.3.2 目标区域资料收集

接到航测任务后，应通过网络地图、卫星影像、测区规划图等途径，了解测区地形、地貌及周边设施情况。要注意任务区域是否处于机场禁飞区、是否有军事设施；如果存在上述情况，应停止任务。分析地形、道路交通、地面建筑情况，拟定合适的起降位置。

2.3.3 空域申请

2.3.3.1 合法飞行应满足的条件

目前，规范无人机飞行最权威的法律法规是 2024 年 1 月起开始实施的《无人驾驶航空器飞行管理暂行条例》。根据条例规定，合法飞行应该至少满足以下条件：

①须按照该条例第十条规定，进行民用无人驾驶航空器所有者实名认证。

②从事飞行活动的单位应当按照该条例第十一条规定，取得民用航空管理部门颁发的民用无人驾驶航空器运营合格证。执行微型机飞行或常规农用无人驾驶航空器作业飞行活动（使用最大起飞重量不超过 150 kg 的农用无人驾驶航空器在农林牧渔区域上方的适飞空域内从事农林牧渔作业飞行活动）不需取得运营合格证。

③执行小型、中型、大型民用无人驾驶航空器飞行的人员应当按照条例第十六条规定取得相应的民用无人驾驶航空器操控员执照。从事常规农用无人驾驶航空器作业飞行活动的人员无需取得操控员执照，但需通过生产方进行的培训和考核。操控微型、轻型民用无人驾驶航空器飞行的人员按照第十七条规定无需取得操控员执照。

④除第三十一条规定的不需申请的情况外，其他飞行活动必须按照第二十六条规定进行飞行活动申请。

2.3.3.2 飞行活动申请

按照《无人驾驶航空器飞行管理暂行条例》第二十六条规定，飞行活动应在拟飞行前

1 日 12 时前向空中交通管理机构提出飞行活动申请。空中交通管理机构应当在飞行前 1 日 21 时前作出批准或者不予批准的决定。在固定空域内实施常态飞行活动的，可以提出长期飞行活动申请，经批准后实施；并应当在拟飞行前 1 日 12 时前，将飞行计划报空中交通管理机构备案。

按照该条例第二十七条规定，进行飞行活动申请应当提供以下内容：

①组织飞行活动的单位或者个人、操控人员信息及有关资质证书。

②无人驾驶航空器的类型、数量、主要性能指标和登记管理信息。

③飞行任务性质和飞行方式，执行国家规定的特殊通用航空飞行任务的，还应当提供有效的任务批准文件。

④起飞、降落和备降机场（场地）。

⑤通信联络方法。

⑥预计飞行开始、结束时刻。

⑦飞行航线、高度、速度和空域范围，进出空域方法。

⑧指挥控制链路无线电频率及占用带宽。

⑨通信、导航和被监视能力。

⑩安装二次雷达应答机或者有关自动监视设备的，应当注明代码。

⑪应急处置程序。

⑫特殊飞行保障需求。

⑬国家空中交通管理领导机构规定的与空域使用和飞行安全有关的其他必要信息。

2.3.4　现场勘察

执行飞行时，应通过实地勘察，掌握天气情况、测区地形情况、重要设施分布情况、遮挡物情况等信息，以保证安全飞行。

确定天气情况符合飞行要求。若存在雨雪、雾霾、大风等不利天气因素，勿强行起飞。

选择合适的起飞场地。一般选择视野开阔、周围无高大建筑物的场所作为起飞场地，尽量保证无人机飞行期间与遥控器及地面站中间没有大型遮挡物。

避开对飞行安全有影响的设施。若测区内存在高压线、通信基站或其他信号发射塔，应确保遥控位置和无人机航线远离这些设施。

确定测区内地形及建筑的最高点。可通过带有海拔信息的手机地图工具，对视野内高地进行高差粗略计算，估算最高建筑物高度，保持无人机飞行高度与测区内最高点存在足够的安全距离。

2.3.5　航线规划

现代航测无人机具备自动导航飞行能力，能够沿既定航线自主飞行；通常在地面站完成航线编辑工作，然后将航线信息通过无线数传写入无人机飞控。航线规划通常包括两种方式：一是手动航线规划，通过手动添加方式在地面站创建多个航点，形成航线；二是划定飞行区域，由地面站软件自动生成航线。目前，无人机航测多采用第二种航线规划方式，图 2 - 6 为 Mission Planner 地面站的自动航线规划示意图。

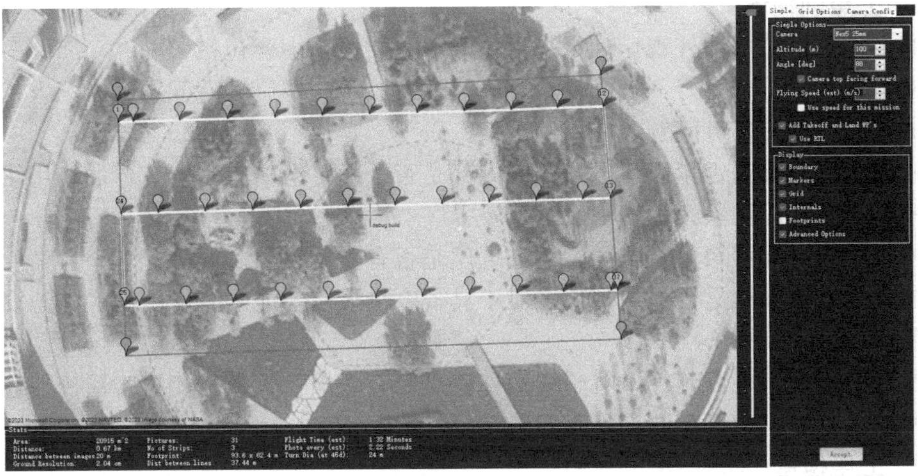

图 2 - 6　Mission Planner 地面站的自动航线规划示意图

在地面站进行航测线路自动生成时，操作人员需要在地面站地图上划定飞行区域；根据软件的不同，可能还需要指定飞行高度、飞行速度、航向重叠度、旁向重叠度、相机类型、云台俯仰角、拍照模式（如等距间隔拍照）等参数。地面站软件根据操作人员输入的参数，自动生成航线。

为保证测区成图的完整性，飞行区域应略大于目标测区，保证边缘区域有足够的像片覆盖。

飞行高度应根据安全飞行需要和航测产品所需的地面分辨率共同确定。已知地面分辨率 GSD（地面采样距离）、相机焦距 f 和像元尺寸 a，相对航高 H 按式（2 - 1）进行计算。

$$H=\frac{GSD\times f}{a} \tag{2-1}$$

像元尺寸可以用相机成像单元大小和图像分辨率计算。例如，某机载相机为 APS-C 画幅，图像传感器尺寸为 24.9 mm ×16.6 mm，图像分辨率为 3 984 ×2 656，像元尺寸 a 按式（2 - 2）计算，为 0.006 25 mm。

$$a=\frac{16.6\ \text{mm}}{2\ 656}=\frac{24.9\ \text{mm}}{3\ 984}=0.006\ 25\ \text{mm} \tag{2-2}$$

若相机焦距为 16 mm，那么要达到 5 cm 地面分辨率，无人机最高相对航高 H 按式（2 - 3）计算，为 128 m。

$$H=\frac{5\ \text{cm}\times 16\ \text{mm}}{0.006\ 25\ \text{mm}}=128\ \text{m} \tag{2-3}$$

为保证全部图像满足数据处理所需的最低重叠率需求，避免出现漏拍，通常适当增加航向重叠率和旁向重叠率；一般航向重叠率不低于 70%，旁向重叠率不低于 60%。

2.3.6　飞行前检查

每次执行飞行任务前，须认真检查无人机工作状态，主要检查内容包括上电前检查、上电检查。

2.3.6.1 上电前检查

检查无人机机械部件外观，确定是否完好，主要检查内容包括：

①检查螺旋桨是否完好，表面是否有污渍和裂纹等。螺旋桨有问题会对无人机飞行安全造成威胁。若螺旋桨有问题，应立即更换。

②检查电机安装是否紧固，电机线圈内部是否干净，电机轴是否有弯曲；用手转动电机，观察是否有卡涩现象。

③检查机身、起落架是否牢固，检查螺丝是否有松动现象。

④检查无人机电池是否安装到位。对于具备电量显示功能的智能电池，电池安装前检查电量是否充足。

⑤检查电子设备是否完好，电子线路外皮是否有磨损，天线、相机、遥控器等设备是否完整并连接牢固，相机存储卡是否安装。

2.3.6.2 上电检查

上电检查是在遥控器、无人机、地面站均上电后，检查各系统是否工作正常，主要检查内容包括：

①检查遥控器操控模式（美国手、日本手），电量是否充足、各键位是否复位、信号连接是否正常。

②检查地面站是否与无人机成功建立连接，地面站地图等功能是否工作正常。

③检查电调指示音是否正确，各指示灯状态是否正常。

④不装螺旋桨，解锁后轻推油门，观察各个电机是否旋转正常；然后安装螺旋桨，注意检查桨叶方向是否正确、安装是否紧固。

⑤如果无人机作业位置距上次校准磁罗盘的位置较远（超过 10 km），一般需要重新校准磁罗盘。大疆系列无人机不强制执行磁罗盘校准，在出现磁罗盘异常情况时，需要从软件中打开磁罗盘校准功能，在起飞地重新进行校准。

⑥检查导航卫星数是否达到飞行需要，一般无人机导航系统接收到的星数达到 6 颗以上才可起飞。

⑦通过遥控器控制无人机相机进行 3 次试拍摄，测试相机拍摄稳定性。

⑧确定无人机失联动作为失联返回。确保遥控器与无人机断开连接后，无人机能自主返回起飞地。

2.3.7 航空影像数据采集

无人机设定好航摄飞行航线，解锁起飞后，自动进入影像数据采集阶段。在影像数据采集阶段，操作人员应通过地面站时刻关注无人机各项参数，注意航线执行情况，观看无人机图传设备传回的实时影像。如果电池电量即将不足，应立即通过遥控器启动自动返航。

2.3.8 数据检查

无人机完成测区航测任务后，在作业现场对数据进行初步检查，检查影像色调、饱和度、是否有虚焦、是否有云雾影响。对于拍摄点 POS 数据与图片数据分开存储的设备，要检查 POS 数量与图片数量是否一致。

如果时间允许，且带有计算机设备，可以通过数据处理软件进行快速拼接，查看影像是否完整。

2.3.9　像控点布设与测量

航测外业的像片控制测量是以测区的平面控制点和已知水准点的高程控制点为基础，采用地形测量的方法，在像片规定范围内联测出像片上明显地物点（或自设标靶）的大地坐标，并在实地把点位准确刺到像片上的整个作业过程。外业控制测量的目的是为内业成图和加密提供一定数量的符合规范要求、精度较高的控制点。

采用 GPS 单点定位的无人机，机载位置信息误差大，必须使用像控点测量方式提高测绘精度。使用 RTK 或 PPK 差分定位模式的无人机，位置信息准确度较高，在不需像控点或者只需少量像控点的情况下，经过无人机数据处理软件空中三角测量加密后，即可形成精度较高的航测产品，满足农业等领域应用的精度要求。

2.3.9.1　像控点的定义

像片控制点，是指符合航测成图各项要求的测量控制点，简称像控点。像控点分为下列 3 种类型：

①平面控制点。野外只需测定点的平面坐标，简称平面点。

②高程控制点。野外只需测定点的高程，简称高程点。

③平高控制点。野外需同时测定点的平面坐标和高程，简称平高点。

在生产中，为了方便确认控制点的性质，一般用 P 代表平面控制点，G 代表高程控制点，N 代表平高控制点。

2.3.9.2　像控点选择

像控点选择应该满足标志清晰（如斑马线角点、井盖中心）、棱角分明（如房屋顶角点）、无遮挡（空中飞机照片各个角度都能拍摄到）等条件，方便内业数据处理人员查找；如图 2-7 的左图所示，选择地面道路标线的一角。若无明显地标可使用人工喷油漆或撒白灰的方式设置地标，如图 2-7 的右图所示。布设像控点需要提前与内业人员沟通，选择合适的位置布点。

图 2-7　像控点示意图

像控点打点要记录点位位置并拍照，一般拍摄近景、远景两张照片，方便内业作业人员参考周边地物要素识别已知点位的位置。

2.3.9.3　像控点布点方案

传统航空摄影像控点布点方案有全野外布点、航线网布点、区域网布点及特殊情况布点等，控制点多，工作量大，实施起来比较困难；而无人机影像具有像幅小、基高比小、航线间距小、影像分辨率高、数据量大、航迹不规则等特点，不适合采用传统航摄控制点布设方式。

目前，无人机航摄作业主要采用非全野外布点方案，即外业控制点稀少甚至不做，内业建模所需的方位元素或已知点主要依靠空中三角测量加密获取。无人机摄影测量系统配备了 POS（DGPS/IMU）后，利用 GPS 获取的摄站三维坐标及相机姿态进行区域网光束法平差，可使摄影测量野外作业大量减少。理论上认为 POS 辅助空中三角测量技术可以完全不要地面控制点，即由空中控制代替地面控制。

如果是大面积规整区域，像控点可按照品字形分布，如图 2－8 所示。如果是面积很大的区域，且精度要求较低时，可适当抽稀测区内部像控点。

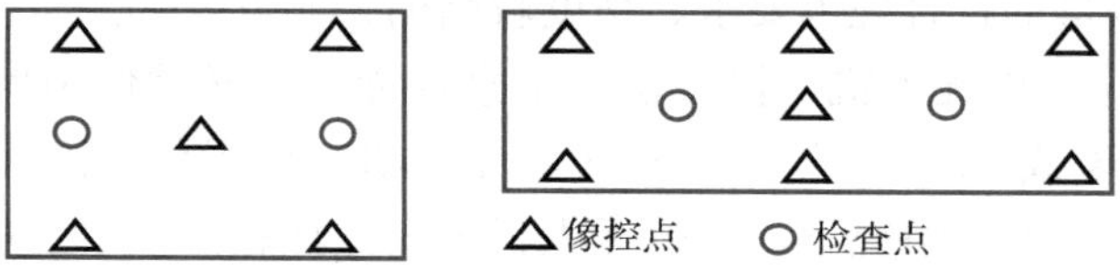

图 2－8　像控点布设

如果是带状测区，布点需要在带状的左右侧布点，可以按照 S 形路线布点，如图 2－9 所示。

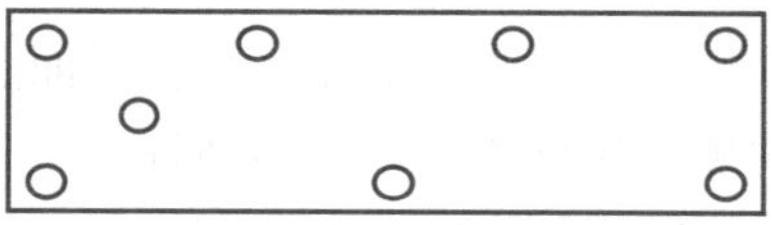

图 2－9　S形路线布点

2.3.9.4　像控点布设密度

像控点布设首先要考虑测区地形和精度要求。若地形起伏较大、地貌复杂，需增加像控点的布设数量（10%～20%）。很多飞机有 RTK 或 PPK 后差分系统，理论上可以减少地面控制点的数量，可以根据项目测试经验自行调整。传统测绘像控点布设参考密度如表 2－1 所示。

表 2－1　传统测绘像控点布设参考密度

影像分辨率	像控点密度	适用项目类型
1.5 cm	100～200 m	地籍高精度测量
2 cm	200～300 m	1∶500 地形图测量
3 cm	300～500 m	1∶1 000 地形图测量
5cm	500 m	常规规划测量设计

3 摄影测量学基础

无人机航测数据处理属于数字摄影测量学的范畴。现代无人机影像处理软件主要采用摄影测量学中的光束法区域网平差方法进行解算，了解摄影测量学基础知识对进行无人机内业数据处理具有重要指导作用。

3.1 数字摄影测量概念

3.1.1 前方交会测量

摄影测量原理类似于传统测绘中的前方交会测量。前方交会测量原理如图 3-1 所示，在两个已知点 1、2 上安置经纬仪，对未知点 A 测定水平角 α、垂直角 β，测得未知点的坐标 A（X，Y，Z）。

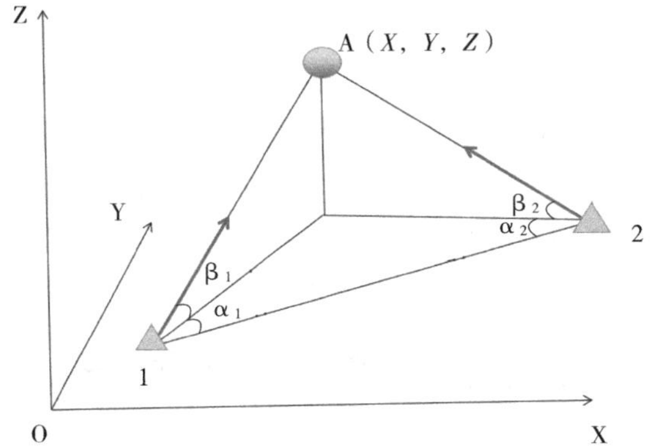

图 3-1 前方交会测量原理

3.1.2 摄影测量

摄影测量如图 3-2 所示，是将传统前方交会测量中的经纬仪替换为相机，从 2 个不同角度拍摄含有未知点的 2 张图片。图中，S_1、S_2 为 2 个摄站点，A 和 B 为 2 个未知点，a_1 和 a_2、b_1 和 b_2 分别是未知点 A 和未知点 B 在 2 张像片上对应的像点，a_1 和 a_2、b_1 和 b_2 构成两对同名点，通过测量影像上的同名点的像片坐标 a_1（x_1，y_1）、a_2（x_2，y_2）和 b_1（x_1，y_1）、b_2（x_2，y_2），进行前方交会，可求解出未知点坐标 A（X，Y，Z）和未知点坐标 B（X，Y，Z）。

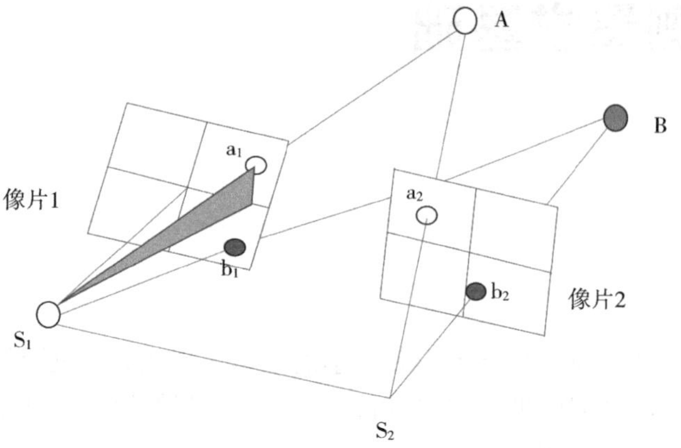

图 3-2　摄影测量原理示例

3.1.3　数字摄影测量

摄影测量可分为 3 个发展阶段：模拟摄影测量、解析摄影测量、数字摄影测量，无人机航测属于数字摄影测量。

模拟摄影测量（analog photogrammetry）是早期摄影测量学的一部分，利用光学或机械交会方法，直接将像点坐标交会成空间模型坐标。模拟摄影测量依赖大量手动操作，数据处理和地图绘制的速度相对较慢，成果是影像或地形图形式，后期修改或处理麻烦。

解析摄影测量利用计算机来解决摄影测量中复杂的计算问题，可以更加高效、准确地获取三维空间数据和地理信息。

数字摄影测量基于数字影像与摄影测量的基本原理，应用计算机技术、图像处理、几何测量等多学科的理论与方法，自动化处理和解译数字图像（通常是航拍或卫星图像），从中提取有价值的几何信息和三维数据。

摄影测量 3 个发展阶段的对比，如表 3-1 所示。

表 3-1　摄影测量 3 个发展阶段的对比

发展阶段	原始资料	投影方式	仪器	操作方式	产品
模拟摄影测量	像片	物理投影	模拟测图仪	人工操作	模拟产品
解析摄影测量	像片	数字投影	解析测图仪	计算机辅助 作业员操作	模拟产品 数字产品
数字摄影测量	数字化影像	数字投影	数字摄影测量 系统、计算机	自动化操作 加人工干预	模拟产品 数字产品

3.2　摄影测量常用坐标系

摄影测量常用坐标系分为像方坐标系和物方坐标系。其中，像方坐标系主要有框标坐标系、像平面直角坐标系、像空间（直角）坐标系、像空间辅助坐标系；常用的物方坐标系有地面测量坐标系和地面摄影测量坐标系。摄影测量坐标系，如图 3-3 所示。

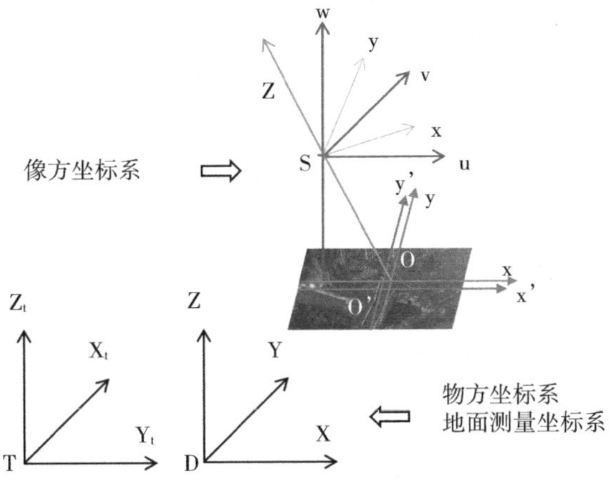

图 3-3 摄影测量坐标系示意图

3.2.1 框标坐标系（o′-x′y′）

框标坐标系又称像素坐标系，是以像片的像素中心为原点，以飞行方向上中央框标的连线作为 x′轴，以垂直于 x′轴的中央框标的连线作为 y′轴，构建右手坐标系。由于框标坐标系原点与像主点可能不重合，因此很难与地面坐标建立共线方程。

3.2.2 像平面直角坐标系（o-xy）

为了解决框标坐标系的问题，建立像平面直角坐标系，或称像主点平面直角坐标系，可简称为像平面坐标系。它是将框标坐标系的原点移动到像主点，同时取 x 轴平行于框标坐标系的 x′轴，y 轴平行于框标坐标系的 y′轴。在像平面坐标系下摄站点、像点和地面点位于一条直线上，便于构建共线方程。

3.2.3 像空间（直角）坐标系（S-xyz）

像平面坐标系仍然是平面的，为了将像点坐标表示为三维形式，引入像空间（直角）坐标系。将像平面坐标系的原点移动到摄影中心位置，取 x、y 轴与像平面坐标系 x、y 轴平行，以主光轴作为 z 轴，形成一个右手直角坐标系，即形成像空间（直角）坐标系。像片上的点在像空间（直角）坐标系下的坐标形式为（x，y，$-f$）；其中，f 是摄影主距。

因此，像空间（直角）坐标系是随着每张航摄像片摄影瞬间的空间方位而定的。不同航摄像片的像空间（直角）坐标系方向是不统一的，很难进行计算。

3.2.4 像空间辅助坐标系（S-uvw）

为统一像空间（直角）坐标系，构建像空间辅助坐标系。像空间辅助坐标系是一个过渡坐标系，作为像空间（直角）坐标与地面坐标的桥梁，它的原点位于摄影中心 S，w 轴沿铅垂线方向，u 轴沿飞行方向，v 轴垂直于 u 轴和 w 轴。在实际操作时，一般选取每条航线第一张像片的像空间（直角）坐标系作为像空间辅助坐标系，整个航带其他像片的坐标系原点和轴向都以其为基准。

u轴、v轴、w轴共有3种选取方法：

①最常用的w轴延铅垂线方向，u轴延飞行方向，v轴垂直于u轴和w轴。

②u轴、v轴、w轴分别平行于地面摄影测量坐标系（D-XYZ）。

③以每个像片对的左片摄影中心为坐标原点，摄影基线方向为u轴，摄影基线及左片光轴构成的平面作为uw平面，过原点且垂直于uw平面的轴为v轴，构成右手直角坐标系。

像空间辅助坐标系作用：

①将每张像片对应的像空间坐标进行原点及轴向的统一。

②u轴大体与航线方向一致或相反，v轴、w轴分别接近水平方向和铅垂方向。

③作为像空间和物空间过渡性的坐标系。

④用于表示模型空间各点的位置，也可表示像点的空间位置。

3.2.5 地面测量坐标系（$T\text{-}X_tY_tZ_t$）

地面测量坐标系通常是指空间大地坐标基准下的高斯-克吕格6度带或3度带（或任意带）投影的平面直角坐标（如1954年北京坐标系、1980西安大地坐标系）与定义的从某一基准面量起的高程（如1956年黄海高程、1985年国家基准高程），组合而成的空间左手直角坐标系，用$T\text{-}X_tY_tZ_t$表示。

3.2.6 地面摄影测量坐标系（D-XYZ）

摄影测量中，习惯用右手空间直角坐标系，而野外控制测量提供的控制点坐标是属于左手系的地面测量坐标，两者转换困难；所以，需要建立一个过渡性的坐标系，即地面摄影测量坐标系（D-XYZ）。

地面摄影测量坐标系是航带网中统一的坐标系，通常以摄区内的一个点D作为坐标原点，x轴取大致与航向一致的水平方向，y轴与x轴垂直，z轴沿铅锤方向。地面摄影测量坐标系是右手系，因此很容易由像点的像空间辅助坐标求得地面摄影测量坐标。

3.3 像片的内方位元素、外方位元素

实现像片上的二维像点坐标到地面物点的地面三维坐标的计算，需要像片的3个内方位元素和6个外方位元素。

3.3.1 内方位元素

确定摄影中心相对于影像位置关系的参数称为影像的内方位元素，如图3-4所示。内方位元素表达了框标坐标系与像空间坐标系之间的转换关系，利用内方位元素可将像点在框标坐标系（$o'\text{-}x'y'$）中的量测坐标转换为像空间（直角）坐标系（S-xyz）中的坐标，用于解析计算。

内方位元素一般是已知的，在出厂的时候已经检校确定了，像空间（直角）坐标的x

和 y 相对于框标坐标的偏移量 x_0，y_0 都是小值。

3.3.2　外方位元素

在恢复像片内方位元素的基础上，确定像片摄影瞬间在地面直角坐标系中空间位置和姿态的参数称为外方位元素。按图 3-5 所示，一张像片有 6 个外方位元素，即 3 个线元素（X_S，Y_S，Z_S）和 3 个角元素（φ，ω，κ）。外方位线元素确定了像空间坐标系的原点 S 在地面摄影测量坐标系中的坐标。外方位角元素确定像空间坐标系三轴在地面摄影测量坐标系中的方向。

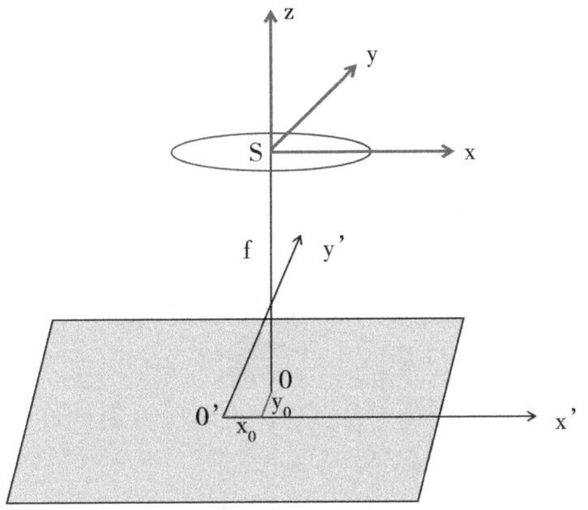

图 3-4　内方位元素

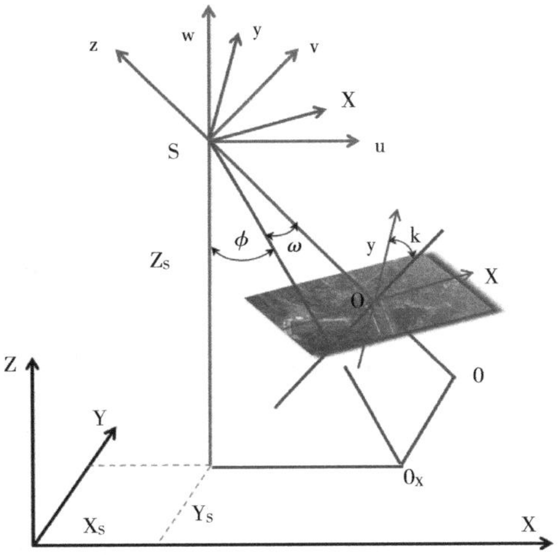

图 3-5　外方位元素

像空间辅助坐标系的轴向与地面摄影测量坐标系的轴向平行，像片在地面摄影测量坐标系下的姿态相当于研究像片在像空间（直角）坐标系下与像空间辅助坐标系下的旋转。外方位角元素一般用像空间辅助坐标系和像空间（直角）坐标系的 3 个旋转分量表示，即航向倾角 φ、旁向倾角 ω、像片旋角 κ 。

3.3.3　共线方程

要解算地面点的三维坐标，需要建立像点坐标与地面点坐标之间的函数关系；这个关系称为中心投影构像方程，也即共线方程。各种不同的求解地面坐标的方法的基础都是共线方程，如式（3-1）所示。

$$\begin{cases} x=-f\dfrac{a_1(X-X_s)+b_1(Y-Y_s)+c_1(Z-Z_s)}{a_3(X-X_s)+b_3(Y-Y_s)+c_3(Z-Z_s)} \\ y=-f\dfrac{a_2(X-X_s)+b_2(Y-Y_s)+c_2(Z-Z_s)}{a_3(X-X_s)+b_3(Y-Y_s)+c_3(Z-Z_s)} \end{cases} \tag{3-1}$$

其推导过程包括两步：

(1) 建立像空间（直角）坐标与像空间辅助坐标之间的关系式　因为，像空间（直角）坐标系与像空间辅助坐标系共原点，都是右手直角坐标系；所以，它们之间的转换关系可以通过旋转表示，而旋转关系通常使用方向余弦矩阵表达。两个坐标系的转换关系可以表达为式（3-2）。

$$\begin{bmatrix} u \\ v \\ w \end{bmatrix} = R_\varphi R_\omega R_k \begin{bmatrix} x \\ y \\ -f \end{bmatrix} = \begin{bmatrix} \cos\varphi & 0 & -\sin\varphi \\ 0 & 1 & 0 \\ \sin\varphi & 0 & \cos\varphi \end{bmatrix} \begin{bmatrix} 1 & 0 & 0 \\ 0 & \cos\omega & -\sin\omega \\ 0 & \sin\omega & \cos\omega \end{bmatrix}$$

$$\begin{bmatrix} \cos\kappa & -\sin\kappa & 0 \\ \sin\kappa & \cos\kappa & 0 \\ 0 & 0 & 1 \end{bmatrix} \begin{bmatrix} x \\ y \\ -f \end{bmatrix} = \begin{bmatrix} a_1 & a_2 & a_3 \\ b_1 & b_2 & b_3 \\ c_1 & c_2 & c_3 \end{bmatrix} \begin{bmatrix} x \\ y \\ -f \end{bmatrix} = R \begin{bmatrix} x \\ y \\ -f \end{bmatrix} \tag{3-2}$$

其中

$$a_1 = \cos\varphi\cos\kappa - \sin\varphi\sin\omega\sin\kappa$$
$$a_2 = -\cos\varphi\sin\kappa - \sin\varphi\sin\omega\cos\kappa$$
$$a_3 = -\sin\varphi\cos\omega$$
$$b_1 = \cos\omega\sin\kappa$$
$$b_2 = \cos\omega\cos\kappa$$
$$b_3 = -\sin\omega$$
$$c_1 = \sin\varphi\cos\kappa + \cos\varphi\sin\omega\sin\kappa$$
$$c_2 = -\sin\varphi\sin\kappa + \cos\varphi\sin\omega\cos\kappa$$
$$c_3 = \cos\varphi\cos\omega$$

反过来，（x，y，$-f$）可表示成如式（3－3）所示的（u，v，w）的形式：

$$\begin{bmatrix} x \\ y \\ -f \end{bmatrix} = R^{-1} \begin{bmatrix} u \\ v \\ w \end{bmatrix} = \begin{bmatrix} a_1 & b_1 & c_1 \\ a_2 & b_2 & c_2 \\ a_3 & b_3 & c_3 \end{bmatrix} \begin{bmatrix} u \\ v \\ w \end{bmatrix} \tag{3-3}$$

（2）建立像点、投影中心、物点的共线条件方程 理想情况下，摄影瞬间像点、投影中心、物点（A）位于同一条直线上，如图 3－6 所示。根据三角形相似关系，可以得出式（3－4）。

$$\frac{u}{U} = \frac{v}{V} = \frac{w}{W} = k \tag{3-4}$$

其中

$$U = X_A - X_S$$
$$V = Y_A - Y_S$$
$$W = Z_A - Z_S$$

进而得出式（3－5）。

$$\frac{u}{X_A - X_S} = \frac{v}{Y_A - Y_S} = \frac{w}{Z_A - Z_S} = k \tag{3-5}$$

式（3－5）可表示成式（3－6）形式，结合式（3－3），即可得到式（3－7）：

$$\begin{bmatrix} u \\ v \\ w \end{bmatrix} = k \begin{bmatrix} X_A - X_S \\ Y_A - Y_S \\ Z_A - Z_S \end{bmatrix} \tag{3-6}$$

$$\begin{bmatrix} x \\ y \\ -f \end{bmatrix} = k \begin{bmatrix} a_1 & b_1 & c_1 \\ a_2 & b_2 & c_2 \\ a_3 & b_3 & c_3 \end{bmatrix} \begin{bmatrix} X_A - X_S \\ Y_A - Y_S \\ Z_A - Z_S \end{bmatrix} \tag{3-7}$$

将式（3－7）展开，得到

$$x=k\left[a_1(X_A-X_S)+b_1(Y_A-Y_S)+c_1(Z_A-Z_S)\right] \tag{3-8}$$

$$y=k\left[a_2(X_A-X_S)+b_2(Y_A-Y_S)+c_2(Z_A-Z_S)\right] \tag{3-9}$$

$$-f=k\left[a_3(X_A-X_S)+b_3(Y_A-Y_S)+c_3(Z_A-Z_S)\right] \tag{3-10}$$

将式（3－8）和式（3－9）分别除以式（3－10），并将－f 移到等式右边即可得到式（3－1）形式的共线方程。共线条件表达图，见图 3－6。

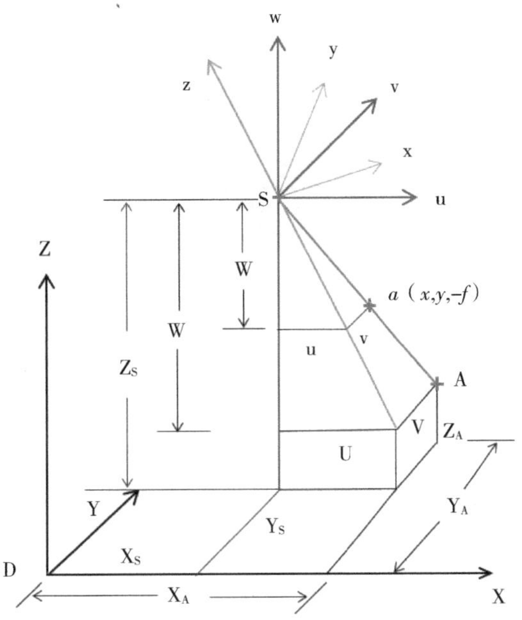

图 3－6　共线条件表达图

3.4　双像立体测图

3.4.1　双像立体测图定义

双像立体测图是利用一个立体像片对，在恢复它们的内方位元素、外方位元素后，重建与地面相似的几何模型，并对该模型进行量测的一种摄影测量方法。其中，恢复像片对的内方位元素称为内定向，一般情况下内方位元素是已知的。恢复像片对的外方位元素通常分为两步：相对定向和绝对定向。相对定向阶段会获得一个缩小的地面模型，这个模型与地面是相似的，但是空间位置和姿态是任意的。绝对定向阶段将缩小的模型放大到实地，使其与实地的位置、大小和姿态一致。相对定向分为连续像对相对定向和单独像对相对定向两种方式。

3.4.2　连续像对相对定向

连续像对相对定向将立体像对的左片置平，以其像空间坐标系作为它的像空间辅助坐标系，并作为整个像对的像空间辅助坐标系，右像片相对于左像片的相对方位元素称为相对定向元素。如图 3－7 所示，左片摄影中心 S_1 在像空间辅助坐标系的坐标 $U_{S1}=V_{S1}=W_{S1}=0$，左片的 3 个角元素为 0，即 $\varphi_1=\omega_1=\kappa_1=0$；右片摄影中心 S_2的坐标：$U_{S2}=b_u$、$V_{S2}=b_v$、$W_{S2}=b_w$，右片的 3 个角元素为 φ_2、ω_2、κ_2。因为 b_u 影响的是立体模型的大小，而立体模型的大小不影响相对定位，因此一般不把 b_u 作为相对定向元素，所以连续像对相对定向用 5 个相对定向元素表示：b_v、b_w、φ_2、ω_2、κ_2。

3.4.3　单独像对相对定向

单独像对相对定向将摄影基线置平，以左片摄影中心 S_1 为坐标原点，摄影基线 B 为 U 轴，以通过摄影基线和左像主点的平面（主核面）为 UW 平面，垂直于 UW 平面的轴为 V 轴，构建右手坐标系 $S_1-U_1V_1W_1$，作为像空间辅助坐标系。按图 3－8 所示，左片

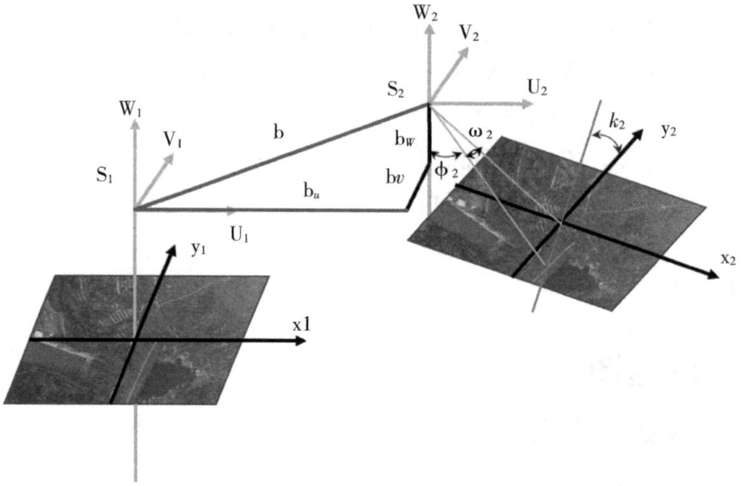

图 3-7　连续像相对定向方位元素

摄影中心 S_1 的坐标为$U_{S1}=V_{S1}=W_{S1}=0$，3 个角元素为$\varphi_1=0$、$\omega_1=0$、κ_1；右片摄影中心 S_2 的坐标为$U_{S2}=B$、$V_{S2}=0$、$W_{S2}=0$，3 个角元素为 φ_2 、ω_2 、κ_2 。B 为摄影基线，只影响立体模型的大小，一般不作为相对定向元素；因此，单独像对相对定向的相对定向元素表达为：φ_1 、κ_1 、φ_2 、ω_2 、κ_2 。

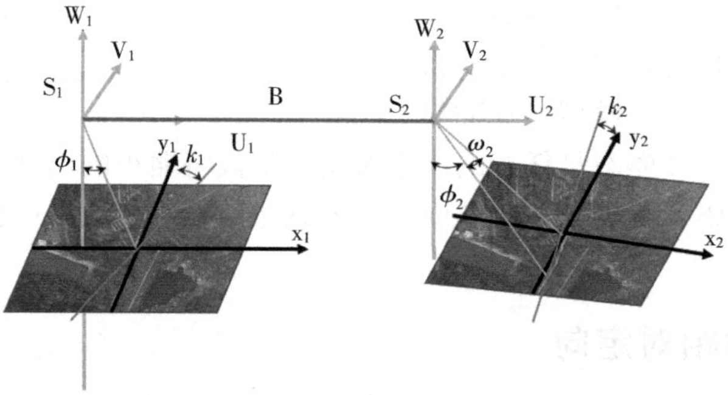

图 3-8　单独像对相对定向方位元素

3.4.4　绝对定向

相对定向的结果是与地面相似的几何模型。绝对定向就是利用已知的控制点，通过对模型进行平移、旋转和缩放，使其变为与真实地面一致；其表达式如式（3-11）所示。

$$\begin{bmatrix} X \\ Y \\ Z \end{bmatrix} = \lambda \begin{bmatrix} a_1 & a_2 & a_3 \\ b_1 & b_2 & b_3 \\ c_1 & c_2 & c_3 \end{bmatrix} \begin{bmatrix} U \\ V \\ W \end{bmatrix} + \begin{bmatrix} X_s \\ Y_s \\ Z_s \end{bmatrix} \tag{3-11}$$

其中，(X, Y, Z) 为待求模型点的地面摄影测量坐标，(U, V, W) 为模型点的像空间辅助坐标系坐标，λ 为缩放比例，矩阵为旋转矩阵，（X_s，Y_s，Z_s）为平移量。绝对定向需要解 λ 、φ 、ω 、κ 、X_s 、Y_s 、Z_s 共 7 个参数，即绝对定向元素。

3.5　解析摄影测量

解析摄影测量的目标是求解待定点的地面坐标，有3种解算方法：

①通过单像空间后方交会计算出外方位元素，然后通过立体像对的前方交会解算地面点三维坐标。

②通过立体像对的解析法相对定向获得模型，然后通过立体像对的解析法绝对定向解算地面点三维坐标。

③双像解析的光束法严密解。

3.5.1　单像空间后方交会

空间后方交会是利用地面控制点及其在像片上的像点，确定一张像片外方位元素的方法。对单张像片来说，有6个外方位元素，而共线方程有2个方程式。根据线性代数相关知识，要解算6个未知的外方位元素，需要不在同一条直线上的3个平高控制点，列出6个方程式。

由于角元素变量在旋转矩阵中，以三角函数的形式存在，因此共线方程是非线性函数，用计算机直接解算非常困难。需通过泰勒公式把方程展开成线性形式，通过逐渐趋近方法进行迭代计算，在误差小于某一限值时结束迭代。将共线方程泰勒展开，只保留一次项得到式（3－12）。

$$
\begin{aligned}
x &= x_0 + \frac{\partial x}{\partial X_S}dX_S + \frac{\partial x}{\partial Y_S}dY_S + \frac{\partial x}{\partial Z_S}dZ_S + \frac{\partial x}{\partial \varphi}d\varphi + \frac{\partial x}{\partial \omega}d\omega + \frac{\partial x}{\partial \kappa}d\kappa \\
y &= y_0 + \frac{\partial y}{\partial X_S}dX_S + \frac{\partial y}{\partial Y_S}dY_S + \frac{\partial y}{\partial Z_S}dZ_S + \frac{\partial y}{\partial \varphi}d\varphi + \frac{\partial y}{\partial \omega}d\omega + \frac{\partial y}{\partial \kappa}d\kappa
\end{aligned}
\tag{3-12}
$$

式（3－12）中 x 和 y 为像点坐标量测值，（x_0，y_0）是用控制点的物方坐标及外方位元素的近似值代入共线方程式求出的像点坐标，$d\varphi$、$d\omega$、$d\kappa$、dX_S、dY_S、dZ_S 称为外方位元素近似值的改正数，$\frac{\partial x}{\partial X_S}$ 等偏导数是改正数的系数。

一般当角度的改正数 $d\varphi$、$d\omega$、$d\kappa$ 小于 0.3×10^{-4} 时，停止迭代。线元素的改正数 dX_S、dY_S、dZ_S 可根据实际需要确定迭代结束阈值。例如，可以取小于1 mm时，停止迭代。

3.5.2　立体像对的空间前方交会

立体像对的空间前方交会是利用立体像对两张像片的内方位元素、同名像点坐标、像对的外方位元素（相对定向元素）解算地面点坐标（模型点坐标）的工作。

空间前方交会求解的未知量是地面坐标的（X，Y，Z），通过立体像对中的同名点，可以列出4个共线方程等式，足够解算出3个地面坐标未知量。因此，空间前方交会不需要控制点的参与。

3.5.3 立体像对的解析法相对定向

立体像对的解析法相对定向是3.4.2连续像对相对定向和3.4.3单独像对相对定向的计算机实现。相对定向的基础方程是共面条件方程。按图3-9所示，S_1a_1和S_2a_2是一对同名射线，B是摄影基线；同名射线对对相交，表明S_1a_1、S_2a_2和B在同一平面内。将S_1a_1、S_2a_2、B表示成矢量形式$\overrightarrow{S_1a_1}$、$\overrightarrow{S_2a_2}$、$\overrightarrow{B}$，根据矢量共面条件，它们的混合积等于0，则得出式（3-13）形式的共面条件方程。

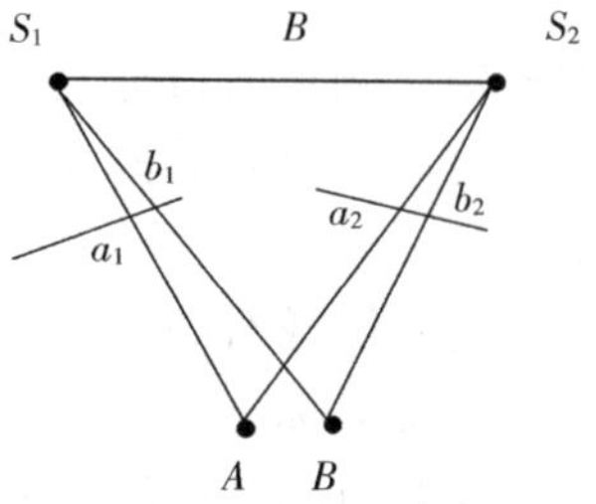

图3-9 同名射线对对相交

$$\overrightarrow{B}\cdot(\overrightarrow{S_1a_1}\times\overrightarrow{S_2a_2})=0 \tag{3-13}$$

像点a_1、a_2在各自的像空间辅助坐标里的坐标表示为(u_1, v_1, w_1)、(u_2, v_2, w_2)，S_2在S_1的像空间辅助坐标里的坐标表示为(b_u, b_v, b_w)，则连续像对相对定向的共面条件方程可表达为式（3-14）。

$$F=\begin{vmatrix} b_u & b_v & b_w \\ u_1 & v_1 & w_1 \\ u_2 & v_2 & w_2 \end{vmatrix}=0 \tag{3-14}$$

使用单独像对相对定向时，以基线作为u轴，因此$b_v=b_w=0$，$b_u=b$，b为基线程度，共面条件方程可表达为式（3-15）。

$$F=\begin{vmatrix} b & 0 & 0 \\ u_1 & v_1 & w_1 \\ u_2 & v_2 & w_2 \end{vmatrix}=b\begin{vmatrix} v_1 & w_1 \\ v_2 & w_2 \end{vmatrix}=0 \tag{3-15}$$

上面两个共面条件方程均可进一步表示为5个相对定向元素的函数，通过泰勒公式一次展开后，可使用迭代趋近方式进行求解。

3.5.4 立体模型的解析法绝对定向

立体模型的解析法绝对定向的目标是通过计算机计算绝对定向所需的7个绝对定向元素（参看3.4.4），进而求取模型中待定点的地面测量坐标。其方法也是通过泰勒公式一次展开后，迭代趋近。

3.5.5 双像解析的光束法严密解

空间后方交会-前方交会解法和相对定向-绝对定向解法都是分两步计算待定点的地面测量坐标。以空间后方交会-前方交会为例，是先求6个外方位元素，再求待定点的地面坐标。

光束法严密解的原理是不进行分步计算，而是针对共线方程里的9个未知量（6个外方位元素、3个待定点地面坐标）都进行泰勒一次展开，同步求取像片的外方位元素和待定点地面坐标，因此又称为一步定向法。这种方法理论较为严密，精度较高。

3.6　解析空中三角测量

从3.5节的内容可以发现，求解待定点地面坐标的过程，需要地面控制点的参与；航拍产生大量影像，则需要大量地面控制点进行解算。如果所有控制点都采用人工测量，则外业工作量将会难以忍受。解析空中三角测量的目标就是使用少量的人工测量控制点，完成所有解算。

解析空中三角测量，也称电算加密，是按一定的数学模型，根据像片上量测的像点坐标和少量地面控制点，平差（常用最小二乘法）解算出摄影测量作业所需的全部控制点（也称待定点或加密点）的坐标，以及所有像片的外方位元素。按照平差模型不同，解析空中三角测量可分为航带法、独立模型法和光束法，按照加密区域不同，又可分为单航带法和区域网法。单航带法以一条航带构成的区域作为加密单元，区域网法分为航带法区域网平差、独立模型法区域网平差和光束法区域网平差，与3.5节中解析摄影测量的3种解算方法对应。

3.6.1　航带网法空中三角测量

航带网法空中三角测量首先利用连续像对相对定向方法（见3.4.2）建立单个模型，再将单个模型连接成航带模型，构成航带自由网；然后把航带模型，视为一个单元模型，进行航带网的绝对定向。单个模型连接成航带模型的过程中存在误差的传递积累，导致最终生成的航带模型有非线性变形；航带模型绝对定向完成后，还需要进行非线性修正，才能最终得出加密点的地面坐标。

3.6.1.1　建立航带模型

建立航带模型的第一步是建立各立体像对的单个模型。以每个像对的左片为基准（左片置水平），求出右片的相对定向元素。为使各立体像对的像空间辅助坐标系平行，相邻两个立体像对做如下处理：以上一个立体像对解算出的右片相对定向角元素作为下一个立体像对的左片的角元素，进而求出下一个立体像对的右片相对定向元素。完成相对定向后，各模型的像空间辅助坐标系相互平行，坐标原点和比例尺不同。

第二步为模型连接，将单个模型连接成航带模型。模型连接的实质是求出相邻模型间的比例归化系数，从左到右将每个模型归化到前一个模型的比例尺下，最终得到以第一个模型的比例尺为基准的航带模型。

3.6.1.2　航带模型的绝对定向

航带模型的绝对定向与单个模型的绝对定向相同，即把航带模型整体看作一个模型，求解绝对定向元素。

3.6.1.3　模型的非线性改正

绝对定向后的航带模型存在着误差（残余系统误差和偶然误差等），需要经过航带网的非线性变形改正才能得到精确值。实际中航带网变形的原因很复杂，难以用简单的数学式表达出来；通常采用多项式曲面来逼近变形曲面，通过最小二乘拟合，使控制点处拟合曲面上的变形值与实际相差最小。

3.6.2 独立模型法区域网空中三角测量

独立模型法区域网空中三角测量使用单独像对相对定向（3.4.3）建立单个模型，再由各单模型相互连接组成区域网。因为各个模型的像空间辅助坐标系和比例尺均不同，在模型连接时，需要使用模型内的已知控制点和模型间的公共点进行空间相似变换。将各个单模型视为刚体，执行模型的平移、旋转及缩放，利用单个模型彼此间的公共点连成一个区域。在变换中，应保证模型公共点的坐标相等、控制点的计算坐标与实测坐标相等，以及误差的平方和应为最小。在满足以上条件下，根据最小二乘准则对全区域网实施整体平差，解求每个模型的 7 个绝对定向参数，从而求出所有待定点的地面坐标。

3.6.3 光束法区域网空中三角测量

根据摄影测量原理，像片中的像点、摄影中心、像点对应的地面点构成一条光束。光束法区域网空中三角测量就是以每张像片所组成的一束光线作为平差的基本单元，通过各个光束在空中的旋转和平移，使模型之间公共点的光线实现最佳交会，将整个区域纳入已知的控制点地面坐标系中去。光束法区域网空中三角测量以共线条件方程作为平差的基础方程，建立全区域统一的误差方程式，整体求解区域内各像片的 6 个外方位元素和所有待定点的地面坐标。

与航带法区域网平差和独立模型法区域网平差相比，光束法区域网平差是最严密的方法。其主要问题是计算量大；但随着现代计算机技术的发展，计算资源已经不是大问题。因此，光束法区域网空中三角测量成为当前解析空中测量的主流方法。

3.6.4 POS 辅助空中三角测量

目前的主流测绘无人机，如大疆测绘无人机，都集成有机载定向定位系统，即 POS 系统（position orientation system）。POS 系统由机载定位系统和惯性单元组成。主流测绘无人机机载定位系统采用了差分技术，定位精度极高，惯性单元也可以提供高精度的拍摄时角度信息（俯仰、横滚、旋偏）；因此，POS 系统可以提供拍摄时刻像片的 6 个外方位元素，将其引入区域网平差，就形成了 POS 辅助空中三角测量，能够实现在无地面控制点的情况下获得高精度的测量结果。

在用大疆等无人机进行航空测量时，数据处理阶段可不提供控制点，采用的就是 POS 系统辅助空中三角测量方式进行解算。大疆无人机拍摄的航测图片，POS 信息存储在扩展字段里，可以通过 EXIF 工具查看。

4　无人机航测数据处理软件

无人机航空摄影取得的影像，需要经过一系列处理（求同名像点、空中三角测量等），生成 DEM（数字高程模型）、DOM（正射影像）等航空测量产品，供各行业使用。目前，无人机航测数据处理都由专门的软件进行，这类软件自动化程度和计算精度都很高，甚至可以达到在完全无人参与的情况下完成整个处理流程。本章重点介绍大疆智图、Pix4Dmapper 两种常用软件的数据处理操作步骤。

4.1　大疆智图

大疆智图是一款以二维地图重建与三维模型重建为主的 PC 应用软件，同时提供二维多光谱重建、激光雷达点云处理、精细化巡检等功能；通过一站式的解决方案全面提升了无人机航测的内业、外业效率，面向测绘、电力、应急、建筑、交通、农业等领域提供了一套完整的模型重建解决方案。

4.1.1　可见光重建

大疆智图中的可见光重建可以生成二维地图和三维模型两种产品。其中，二维地图是基于摄影测量原理，利用无人机采集的影像生成所摄区域的真数字正射影像（TDOM）和数字表面模型（DSM），如图 4－1 所示。三维模型是基于摄影测量、计算机视觉中的多视几何及计算机图形学等原理，利用无人机采集的影像，生成所摄物体实景三维模型，如图 4－2 所示。

图 4－1　无人机二维地图产品

用户可将可见光重建功能获取的成果应用于基础测绘、工程测量与维护、地质灾害调查、消防救援、抢险救灾、国土调查、城市规划、文物保护、农业植保等领域。

大疆智图二维地图重建流程：数据导入→空中三角测量→生成数字表面模型（DSM）

图 4-2　无人机实景三维地图产品

及真数字正射影像（TDOM）。

三维模型重建流程：数据导入→空中三角测量→生成实景三维模型。

其中，空中三角测量是二维重建、三维重建的必要步骤，可单独进行空中三角测量，也可与二维/三维模型一起开展。

4.1.1.1　数据导入

在进行重建之前，需要将数据导入大疆智图中，导入的数据包括影像及 POS 数据。使用大疆无人机及大疆负载（如 P4R、P1 等）采集的数据，影像中已经包含 POS 数据（在图片扩展字段中），无需进行数据处理，直接导入即可使用。

（1）新建任务　启动大疆智图软件并登录后，点击左下角新建任务，弹出如图 4-3 所示的选择任务类型窗口，选择【可见光】，输入自定义的任务名称，即可以完成一个新数据处理任务的创建。可以看到大疆智图软件提供了可见光、多光谱、激光雷达点云 3 种数据处理功能。

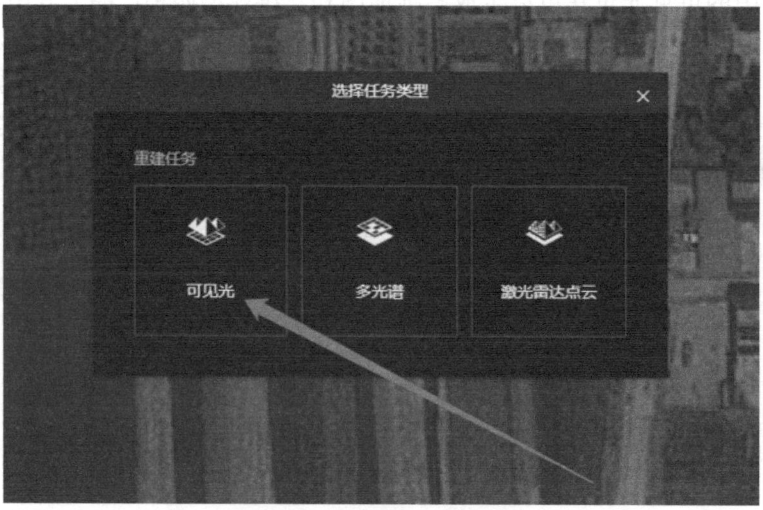

图 4-3　大疆智图任务类型

（2）添加影像　按图 4-4 所示，可通过添加照片或照片文件夹方式添加原始影像，注意影像所在的文件夹文件路径不能带特殊字符（如 #），否则像控点页面刺点视图将无法显示。

可切换至【AT】或【3D】视图下，查看三维空间下的相机点位的分布情况。

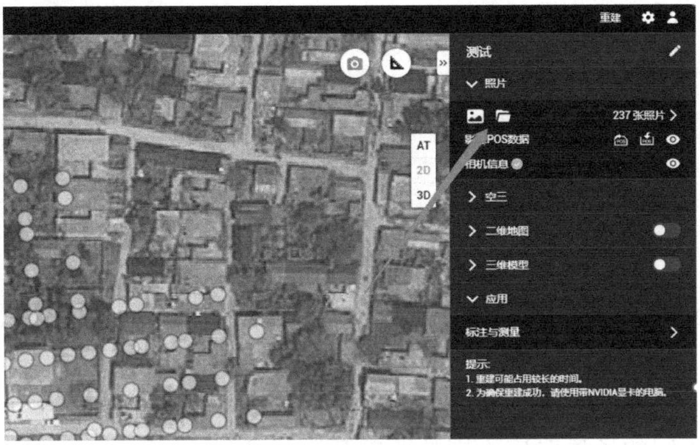

图 4－4　大疆智图添加影像

(3) 影像管理　在影像管理中，影像按照所在文件夹进行分组显示，点开各个分组的列表可以查看并管理影像，如图 4－5 所示。

图 4－5　大疆智图影像管理

若需要保留或删减指定范围内的影像，按图 4－6 所示，可通过绘制框选区域功能，使用鼠标左键在地图上添加边界点以绘制框选区域。如果事先设置了 KML 范围，也可以导入 KML 文件形成框选区域。

4.1.1.2　空中三角测量

空中三角测量是指摄影测量中利用影像与所摄目标之间的空间几何关系，通过影像点与所摄物体之间的对应关系，计算出相机成像时刻相机位置姿态及所摄目标的稀疏点云的过程。空中三角测量处理后，能快速判断原始数据的质量是否满足项目交付需求，以及是否需要增删影像。二维地图和三维模型都必须先做空中三角测量处理。大疆智图空中三角

图 4-6　大疆智图选择范围影像

测量（简称空三）处理配置项如图 4-7 所示。

(1) 场景　不同的场景对应不同的匹配算法，可根据拍摄方式的不同选择合适的场景。

①普通场景。适用于绝大多数场景，包括倾斜摄影和正射拍摄的数据。

②环绕场景。适用于环绕拍摄的场景，主要针对细小垂直物体的重建，如基站、铁塔、风力发电机等。

③电力线场景。适用于可见光相机（如 P4R）采用垂直电线的 Z 字形拍摄电力线的场景。

(2) 计算模式　如果计算机有集群权限，此处可选择单机计算或集群计算。如果计算机仅有单机权限，则看不到“计算模式”选项。

(3) 特征点密度　“高”表示单张影像提取较多的特征点，适用于对成果精度和效果要求较高的场景。“低”表示单张影像提取较少的特征点，适用于需要快速出图场景。

图 4-7　大疆智图空三配置项

(4) 被摄地物距离　采集数据时，相机与被摄地物的距离。若有多个不同距离，则取最短距离。被摄地物距离越大时，空三解算越慢，默认值适用于大部分场景。

(5) 成果格式　可选择输出 XML 格式，即 ContextCapture Blocks Exchange（一种用于处理和交换三维模型、点云数据及其相关信息的技术）。坐标系建议与二维、三维重建坐标系保持一致。大部分的修模软件需要此文件。

注意：XML 仅支持投影坐标系，暂不支持选择地理坐标系。

(6) 空三质量报告　空三质量报告如图 4-8 所示，需重点关注以下 4 个参数。

①已校准影像。即成功参与空三运算的影像数。若校准影像数量少于导入影像数量，则说明部分影像无法参与空三计算；可能是这些影像拍摄区域全是无纹理或弱纹理区域

大疆智图空三质量报告

参数

参数	值
特征点密度	低
使用集群	否

影像信息概览

内容	值
影像数量	526
带位姿影像	526
已校准影像	526
影像POS约束	是
地理配准均方根误差	0.019 m
连通区域数量	1
最大连通区域影像数量	526
空三时间	3.052 min

RTK Status

状态	影像数量
固定解	526
浮动解	0
单点解	0
无解	0

相机校准信息

相机型号 FC6310R

相机序列号 6538366823bfa73004f40001e9283dec

内容	焦距	Cx	Cy	K1	K2	K3	P1	P2
初始	3682.30	2423.08	1823.10	-0.26321300	0.11568700	-0.04491990	0.00107242	-0.00052538
内容	焦距	Cx	Cy	K1	K2	K3	P1	P2
优化	3674.57	2423.90	1827.96	-0.26619515	0.11029384	-0.03230476	0.00033355	-0.00043748

图 4－8　大疆智图空三质量报告

（如水、雪等），也有可能是这些影像拍摄的区域与其他数据的拍摄角度、分辨率差异过大。若因为此原因导致成果部分缺失，则需要重新做外业补拍。

②地理配准均方根误差。解算出来的影像位置与影像中记录的位置之间的均方根误差，该参数能体现出初始 POS 的相对精度，数值越小则精度越高。

③影像 RTK 状态（RTK Status）。固定解定位精度为厘米级，固定解影像的数量越多越好。浮点解的定位精度为分米级，单点解的定位精度为米级，无解代表无 RTK 定位解算。如果全部是固定解，则能保证在 POS 坐标系统下免像控精度达到厘米级。如果固定解只占一小部分，则成果绝对精度会较差，需要加适当的像控点才能确保较高的绝对精度。

④相机校准信息。关注初始相机焦距 cx/cy 和空三优化后相机焦距 cx/cy 的对比，各项优化前后差异一般不超过 50 pixel。若优化前后差异较大，可按以下方法进行排查：

若焦距优化前后差异较大，且用于重建的影像是统一朝向的（如全正射或全部朝向某一建筑立面），则增加其他角度拍摄的影像（如增加倾斜拍摄的影像）。

若 cx、cy 优化前后差异较大，检查采集的影像是否有变换传感器朝向的情况（如航测采集过程中无人机掉转机头采集数据）。

4.1.1.3　二维地图重建

二维地图重建可生成真数字正射影像（TDOM）和数字表面模型（DSM）。图 4－9

中的重建参数选择完毕后，点击【开始重建】，查看【重建参数检查列表】，点击【确认】即可开始进行二维地图重建。

（1）分辨率 高为原始分辨率，中为原始分辨率的 1/4（即图片长和宽均为原片的 1/2），低为原始分辨率的 1/9（即图片长和宽均为原片的 1/3）。

例如，拍摄原片的分辨率为 6 000×6 000，高清晰度即为此分辨率，中清晰度则对应 3 000×3 000，低清晰度则对应 2 000×2 000。

（2）场景 无论是城市还是农村，测绘作业都应选择城市场景。农田场景和果树场景是适配大疆农业植保机使用的。当地形有起伏时，农田场景和果树场景重建结果可能会出现错位或拉花现象。

（3）计算模式 若计算机有集群版权限，则可选择集群计算或单机计算进行重建。若只有单机版权限，则无此选项。

（4）兴趣区域 在重建二维地图/三维模型时，用户可在添加照片后，选择兴趣区域进行建模；只生成兴趣区域内的建模成果，从而节省建模时间、提高效率。

需要注意的是，兴趣区域建模需要在空三完成后进行，空三完成后，点击高级设置中的【兴趣区域】，进入兴趣区域编辑页面。

按图 4－10 所示，用户可通过 4 种方式定义重建的兴趣区域，此处采用的坐标系与输出坐标系设置中的坐标系一致。

图 4－9 大疆智图二维地图重建配置项

①点击【导入 KML 文件】。将 KML 文件中的点转化为兴趣区域的边界点。

②在文本框中输入兴趣区域的纬度、经度和高度，或 X、Y、Z 值，然后点击【应用】以确定兴趣区域。

③在“重置区域”的选项处，点击【自动】或【最大区域】，软件将自动生成兴趣区域。点击【自动】会按照空三点云分布，自动计算合适的长方体区域。点击【最大区域】会选择覆盖所有空三点云的长方体区域。

④进入编辑模式，然后点击地图上的位置手动添加兴趣区域的边界点，在高度文本框中输入高度值，以确定兴趣区域。

（5）输出坐标系 在生成二维地图和三维模型时，用户可在添加照片后，设置输出坐标系，如图 4－11 所示。若照片不包含 POS 信息，则输出坐标系默认为任意坐标系。若

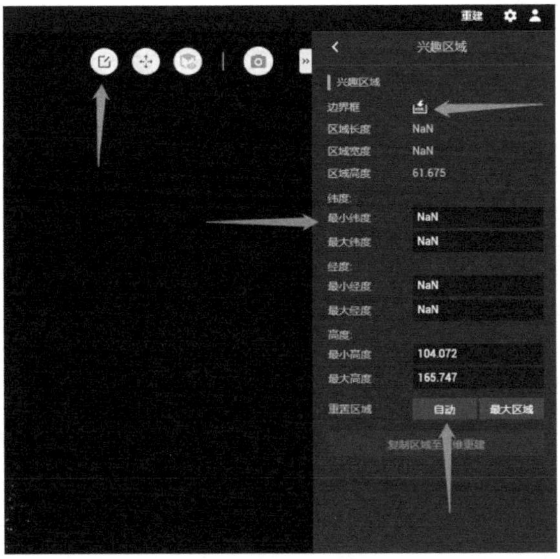

图 4－10　大疆智图设置兴趣区域

图 4－11　大疆智图设置输出坐标系

已添加的照片包含 POS 信息，二维地图默认设置为该任务所处的 UTM 投影坐标系。需要注意的是，如果设了像控点，则输出坐标系一定要与像控点坐标系保持一致，否则会出现成果与像控点坐标匹配不上的情况。

用户可通过导入 PRJ 文件和在大疆智图坐标系库中搜索两种方式设置已知坐标系：

①导入 PRJ 文件。在 https://spatialreference.org 网站查询并下载需要的坐标系的 PRJ 文件，然后在大疆智图中点击【导入 PRJ】，从而将其导入。如果是自定义坐标系，可下载一个公开的 PRJ 文件，然后修改目标坐标系统名称、七参数、目标椭球中央子午线、目标椭球东加常数、目标椭球北加常数 5 个参数。

②在大疆智图坐标系库中搜索。在大疆智图中点击【搜索】，输入坐标系名称或授权代号，选择对应的坐标系搜索结果，然后点击【应用】。

在高程设置中，大疆智图目前支持 Default（椭球高），以及 EGM96、EGM2008、NAVD88、NAVD88（ftUS）、NAVD88（ft）、JGD2011（vertical）等高程基准。

（6）分幅输出　当原始影像数据过大时，生产的二维 DOM/DSM TIFF 图数据量较大；导入第三方软件时，可能出现无法加载或加载较慢情况。此时可以使用分幅输出功能，将一个大的 TIFF 文件规则的裁切成若干个小的 TIFF 文件。

打开【分幅输出】页面，以像素为单位，设置最大切块边长，软件将会对 DOM/DSM 成果进行图 4－12（以 5 000 px 为例）所示的分块裁切。

注意：

①分幅输出的成果图不会替换原来的 DOM 或 DSM 大图，两者并存。

②结果存放在对应任务的成果文件夹下：任务名称 \ map \ dsm _ tiles、任务名称 \ map \ result _ tiles。

③由于图像边长和切块边长可能不是整数倍数，分幅输出的切块边长最小值可能会小于设置的最大切块边长。在图 4－12 的例子中，最小边长为 1 000 px。

④成果图文件尺寸大于 4 GB 会带 BigTIFF 参数，小于 4 GB 则无。部分第三方软件不支持 BigTIFF 图片，则应将分块边长设置小一些。

(7) 光照均衡 开启将改善农田场景的重建效果。在强光照环境下，土地或作物冠层较平滑，会产生类似镜面反射的效果，导致照片一边亮、一边暗，重建成果出现渐变条纹的现象。如果在非上述场景下开启此功能，可能会出现重建成果色彩失真的情况。

(8) 薄雾优化 开启后将优化薄雾场景中的重建效果。在非薄雾场景时开启，可能会出现重建成果色彩失真的情况。薄雾优化开启后，无法开启光照均衡功能。

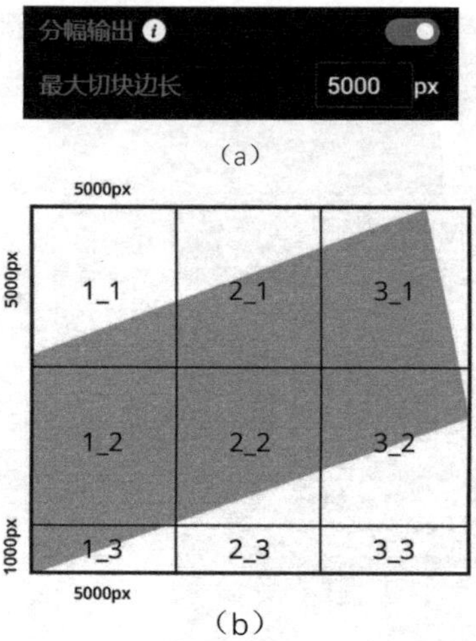

图 4-12　大疆智图分幅输出配置和切块示例

(9) 二维地图文件格式及存储路径 二维地图文件默认存储路径为 C：\ Users \ ＜计算机用户名＞ \ Documents \ DJI \ DJI Terra 账号名 \ ＜任务名称＞ \ map \ 。输出目录示意图如图 4-13 所示。用户也可在设置中更改存储目录。

名称	修改日期	类型	大小
12	2023/5/15 10:27	文件夹	
13	2023/5/15 10:27	文件夹	
14	2023/5/15 10:27	文件夹	
15	2023/5/15 10:27	文件夹	
16	2023/5/15 10:27	文件夹	
17	2023/5/15 10:27	文件夹	
18	2023/5/15 10:27	文件夹	
19	2023/5/15 10:27	文件夹	
20	2023/5/15 10:27	文件夹	
21	2023/5/15 10:27	文件夹	
22	2023/5/15 10:27	文件夹	
23	2023/5/15 10:27	文件夹	
report	2023/5/15 10:27	文件夹	
dsm.prj	2023/5/15 10:27	PRJ 文件	1 KB
dsm.tfw	2023/5/15 10:27	TFW 文件	1 KB
dsm.tif	2023/5/15 10:27	TIF 图片文件	35,064 KB
gsddsm.prj	2023/5/15 10:27	PRJ 文件	1 KB
gsddsm.tfw	2023/5/15 10:27	TFW 文件	1 KB
gsddsm.tif	2023/5/15 10:27	TIF 图片文件	4 KB
result.prj	2023/5/15 10:27	PRJ 文件	1 KB
result.tfw	2023/5/15 10:27	TFW 文件	1 KB
result.tif	2023/5/15 10:27	TIF 图片文件	151,098 KB
SDK_Log.txt	2023/5/15 10:27	文本文档	51 KB

图 4-13　大疆智图输出目录示意图

①result. tif。正射影像成果文件（DOM），这是二维地图最主要的成果。

②dsm. tif。数字表面模型，这是任务区域的高程文件（DSM），每个像素均包含经纬度和高程。

③gsddsm. tif。降采样为 5 m 分辨率的 dsm，可在 M300 或 P4R 仿地飞行时导入使用。

④数字文件夹。地图瓦片数据，用于在大疆智图中展示二维地图，瓦片分级标准与谷歌瓦片分级保持一致。地图瓦片为标准瓦片，若第三方平台需要调用，可根据瓦片调用规范直接调用即可。

⑤result _ tiles 文件夹。开启分幅输出后，正射影像分幅裁切结果存放的文件夹。

⑥dsm _ tiles 文件夹。开启分幅输出后，高程文件分幅裁切结果存放的文件夹。

成果文件夹中还会有一个 . temp 文件夹，体积一般比较大。该文件夹存放的是模型重建过程中的中间文件。如果处于重建过程中或重建完成后还想要做新增格式、修改坐标系等额外操作，则需保留该中间文件。如果重建完成后不需要做其他操作，可手动删除该文件夹以释放磁盘空间。

(10) 二维地图重建报告 模型重建完成后，可点击【质量报告】查看整体情况，按图 4－14 所示，可从报告中查看真正射影像地面采样距离（成果分辨率）、覆盖面积等。需要注意的是，整个二维地图时间应该包括空三、影像去畸变及匀色、稠密化、真正射影像生成 4 个步骤的时间之和。

图 4－14 大疆智图二维地图重建报告示意图

4.1.1.4 三维模型重建

在软件中打开【三维模型】页面，即可开启三维模型成果生成功能，三维模型重建配置项如图 4－15 所示。

(1) 重建分辨率 高为原始分辨率，中为原始分辨率的 1/4（即图片长和宽均为原片的 1/2），低为原始分辨率的 1/16（即图片长和宽均为原片的 1/4）。

例如，拍摄原片的分辨率为 6 000×6 000，高清晰度即为此分辨率，中清晰度则对应 3 000×3 000，低清晰度则对应 1 500×1 500。

(2) 建图场景 三维模型重建建图场景有普通、环绕、电力线 3 种。

①普通。适用于绝大多数场景，包括倾斜拍摄和正射拍摄的场景。

②环绕。适用于环绕拍摄的场景，主要针对细小垂直物体的重建，如基站、铁塔、风力发电机等。

③电力线。适用于可见光拍摄电力线，且只想要重建电力线点云的场景。注意电力线场景只生成点云。

(3) 计算模式 若使用集群版，则可选择集群计算进行重建，能大幅提升效率和处理

图 4－15　大疆智图三维模型重建配置项

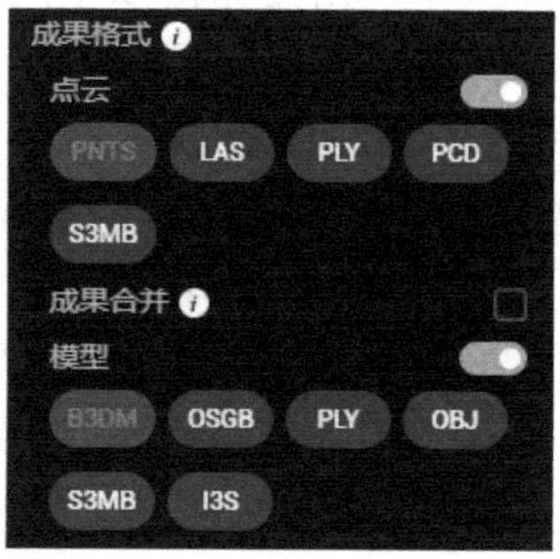

图 4－16　大疆智图成果形式

规模。若只有单机版权限，则无此选项设置。

（4）兴趣区域　与二维地图重建设定兴趣区域相同，具体操作参见二维地图重建。

（5）输出坐标系　与二维地图重建设定输出坐标系相同，具体操作参见二维地图重建。

（6）成果格式　大疆智图输出的三维成果支持的格式如图 4－16 所示。

①点云。

PNTS 格式：默认生成格式，在大疆 Terra 中显示（LOD 点云格式，适合在 Cesium 中显示）。

LAS 格式：ASPRS LASer，三维点云格式，V1.2 版本格式。

PLY 格式：非 LOD 点云格式。

PCD 格式：非 LOD 点云格式。

S3MB 格式：超图 LOD 点云格式。

②模型。

B3DM 格式：默认生成格式，以在大疆 Terra 显示（LOD 模型格式，适合在 Cesium 中显示）。

OSGB 格式：LOD 模型格式。

PLY 格式：非 LOD 模型格式。

OBJ 格式：非 LOD 模型格式。

S3MB 格式：超图 LOD 模型格式。

I3S 格式：LOD 模型格式。

多层次细节（Level of Detail，简称 LOD）模型以金字塔形式存储模型，会将模型用若干很小的瓦片进行存储。一般情况下，LOD 模型浏览起来会更快。

（7）水面平整　开启后，重建过程中会自动对水面进行识别和平整。

（8）开始重建　重建参数选择完毕后，点击【开始重建】，查看【重建参数检查列表】，点击【确认】开始进行三维模型重建。

（9）三维模型文件格式及储存路径　三维模型结果文件默认存储在 C：\ Users \ ＜计算机用户名＞ \ Documents \ DJI \ DJI Terra 账号名 \ ＜任务名称＞ \ models \ pc \ 0。

可在设置中更改缓存目录，也可在重建页面使用快捷键“Ctrl＋Alt＋F”打开当前任务的文件夹。

勾选模型的格式。一般成果文件夹会存放在以 terra _ ×××（×××表示模型的格式）命名的文件夹中。例如，terra _ osgbs 文件夹存放的是 osgb 格式的三维模型。

成果文件夹中还会有一个 .temp 文件夹，体积较大，该文件夹存放的是模型重建过程中的中间文件。如果处于重建过程中，或重建完成后还想要做新增格式、修改坐标系等额外操作，则需保留该中间文件。如果重建完成后不需要做其他操作，则可以手动删除该文件夹释放磁盘空间，不会对成果产生影响。

提示：

若同时需要生成二维地图和三维模型，可同时打开【二维地图】和【三维模型】按钮；软件将会先进行二维地图生成，再进行三维模型生成。

二维地图和三维模型兴趣区域、坐标系等参数可分别设置。

（10）三维模型重建报告　模型重建完成后，可点击【质量报告】查看整体情况，如图 4－17 所示。可从报告中查看模型重建各项参数设置信息。需要注意的是，三维模型包

影像信息概览

内容	值
影像数量	205
带位姿影像	205
已校准影像	205
影像POS约束	是
地理配准均方根误差	0.715 m
连通区域数量	1
最大连通区域影像数量	205
空三时间	1.384分钟

大疆智图三维重建质量报告

参数

参数	值
重建场景	普通
分辨率	高
使用集群	否

成果

成果列表
B3DM 文件
PNTS文件
OSGB 文件
LAS 文件

性能概览

内容	值
MVS时间	15.382分钟
MVS分块数量	1

图 4－17　大疆智图三维模型重建报告

括空三和 Multi-View Stereo（简称 MVS）两大步骤；如果要统计三维模型重建的时间，需要把空三和 MVS 时间相加。

4.1.2　二维多光谱重建

二维多光谱重建仅支持使用精灵 4 多光谱版和 Mavic3 多光谱版拍摄的照片；除生成二维地图重建的 DOM 和 DSM 外，还可输出 NDVI、NDRE 等植被指数，以及每个多光谱波段的合成图。若用户需要输出以反射率为单位的相关成果，还可通过辐射校正功能对多光谱数据进行辐射校正。

多光谱重建的基本流程为数据导入→辐射校正（非必须，可选）→空三→二维多光谱重建。

4.1.2.1　新建重建任务

启动大疆智图软件并登录后，点击左下角新建任务，点击【多光谱】，如图 4－18 所示。

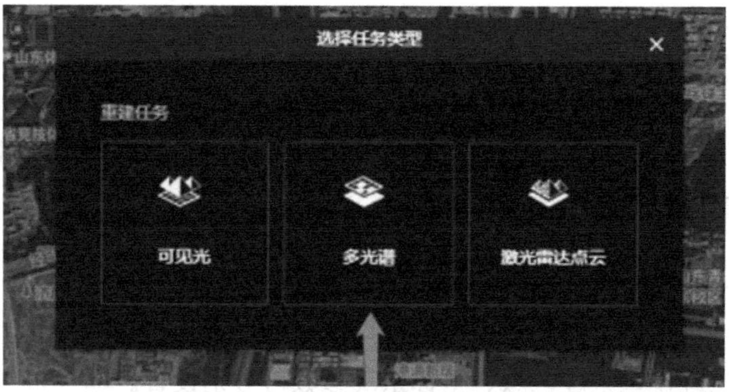

图 4－18　创建多光谱重建任务

4.1.2.2　添加影像

可通过文件或文件夹形式添加影像，导入的影像应包括 jpg 格式的可见光照片，以及 tif 格式的多光谱单波段照片。每 6 张照片为一组，尾号为 0～6 分别对应可见光波段照片、红波段照片、绿波段照片、蓝波段照片、红边波段照片、近红外波段照片。因此，导入的照片数应该是 6 的整倍数；如果不是，则需检查数据是否有丢失。由于多光谱重建是以可见光照片做空三，再以空三的结果通过相机结构整体偏移来纠正其他多光谱照片，因此导入的影像必须包括可见光照片。如果是实时 NDVI 照片而非可见光照片，将无法处理。

照片数据导入后，软件会做照片数据的检查，结果显示在“输出指数”处，如图 4－19 所示。如果“输出指数”处全部都显示绿色，则说明导入的多光谱数据没有异常，几个植被指数都能输出。如果显示有红色，则说明某些波段的数据缺失，需要检查数据重新导入。

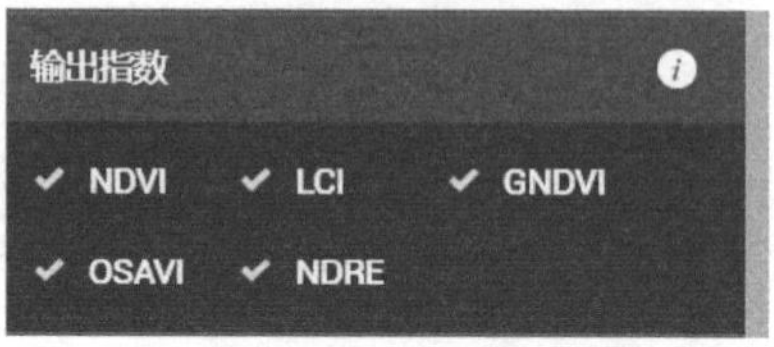

图 4－19　输出指数

4.1.2.3　辐射校正（可选）

多光谱重建大部分设置与可见光重建类似，一般情况下，可直接按照二维地图重建流程设定相关参数。两者最大的区别在于二维多光谱重建的二维地图高级设置处新增了“辐射校正”模块。注意这个模块为可选项，当需要输出反射率为结果的单波段地图时，或是需要做智图输出的植被指数之外的其他指数研究时，可勾选，以输出更准确的多光谱成果。

辐射校正可减少天气、时间等因素对影像带来的影响，帮助重建任务输出更加可靠的指数值。多光谱影像进行辐射校正后，可重建成为以反射率为输出结果的二维多光谱地图。通过点击高级设置里的【辐射校正】，进入“辐射校正”页面，进行相应操作后，返回重建页面开始重建，则最终重建结果为已进行辐射校正的结果。

在辐射校正前，需要用 P4M 拍摄若干已知反射率的标定板照片。

（1）导入标定板数据　辐射校正需导入至少 1 组各个波段的标定板照片，最多可导入 3 组照片，分别为标定板 1、标定板 2、标定板 3。

导入流程：

①选择对应的标定板组别：标定板 1、标定板 2 或标定板 3。

②点击【添加校准照片】，选择带有标定板的蓝、绿、红、红边、近红外 5 个波段的照片，将其导入。

③在每个波段的文本框中输入对应的反射率系数。

（2）标记标定板区域　按图 4－20 所示，在左侧区域的照片中点击鼠标左键，可通过手动添加点来标记照片中标定板所在区域的边界，拖拽边界点可调整其位置，也可清除当前照片中的所有边界点。标定板区域边界会自动应用至下一组标定板照片中，若有偏差，可拖动边界点进行调整。依次标记所有波段的标定板区域边界。

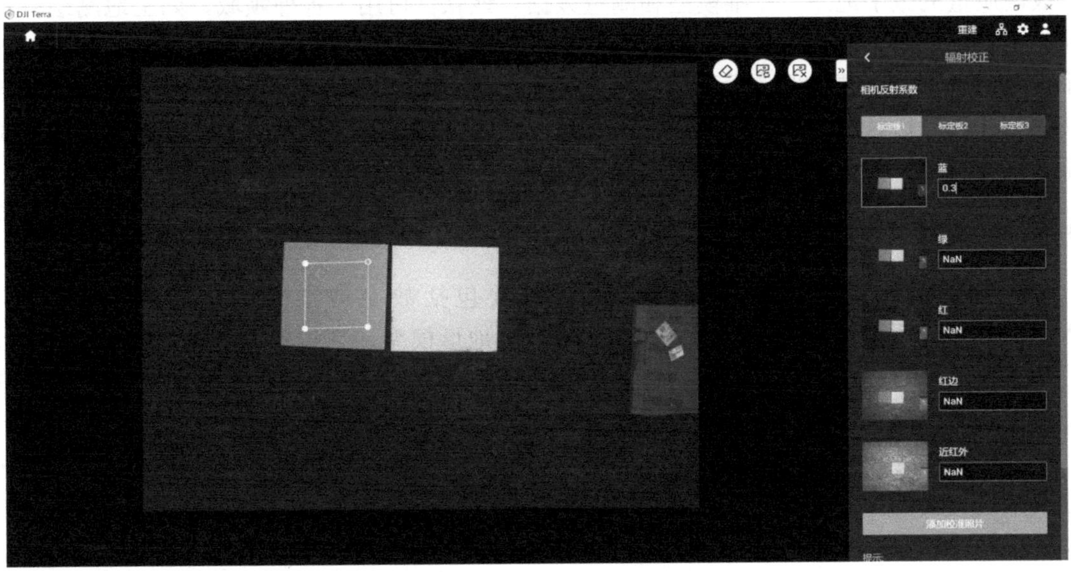

图 4－20　标记标定板区域

4.1.2.4 输出指数

大疆智图支持输出5种植被指数：NDVI、GNDVI、NDRE、LCI、OSAVI。不同指数需要不同波段的照片数据，软件将根据用户导入照片中所包含的波段显示可以计算的指数。若缺少波段，在输出指数下方将给出提示。重建完成后，用户可在地图上点击相应指数的按键查看不同指数的地图重建结果。

提示：导入的照片中只要有任意一组缺少某一波段，则该波段的照片即为缺失的，可在照片列表中查看照片缺失情况。

4.1.2.5 二维多光谱地图文件格式及存储路径

二维多光谱地图的建图结果为GeoTIFF格式的栅格数据，可用于兼容GeoTIFF格式的第三方软件。建图结果中包括各指数对应的多光谱指数地图、各波段窄带地图及RGB二维正射图。这些文件分别存储在相应路径中，用户可在重建页面使用快捷键“Ctrl+Alt+F”打开当前所在任务的文件夹，也可在设置中更改缓存目录。

多光谱指数地图默认存储路径为C：\ Users \ <计算机用户名> \ Documents \ DJI \ DJI Terra \ <任务名称> \ map \ index _ map。

各波段窄带地图和RGB二维正射图默认存储路径为C：\ Users \ <计算机用户名> \ Documents \ DJI \ DJI Terra \ <任务名称> \ map。其中，result. tif为RGB二维正射图，result _ ×××. tif为“×××”所对应波段的窄带地图。

4.2 Pix4DMapper软件使用

Pix4DMapper是一款专业的无人机影像处理软件，主要用于将无人机拍摄的航拍影像数据转换为地图、模型和报告。Pix4DMapper使用先进的图像处理算法和技术，能够生成高质量的数字地图、三维模型和测量数据。该软件可用于各种领域，如土地测绘、农业、建筑、矿业、环境保护、灾害响应和基础设施规划等应用中。通过Pix4DMapper，用户可以更快速、精确地分析和理解无人机采集的影像数据，从而支持更有效的决策制定和项目管理。Pix4DMapper能够自动处理无人机航拍影像，拼接生成数字地图或三维模型，并支持对多光谱影像和红外影像进行处理分析。

4.2.1 可见光数据处理

Pix4DMapper针对可见光数据的处理主要包括数字地图生成和三维模型创建。Pix4DMapper可以生成高精度的数字地图，包括地形模型、高程模型和植被覆盖等产品，可用于土地测绘、规划和分析等。Pix4DMapper可以根据无人机影像数据生成逼真的三维模型，用于建筑、工程、考古等领域的可视化和分析。

处理流程为导入影像数据→生成数字全景影像和三维点云数据→生成光谱指数地图→地图编辑和优化→地图输出→质量控制和评估。

4.2.1.1 导入影像数据

(1) 新建工程 打开Pix4DMapper软件，主界面如图4-21所示，点击【新项目】，弹出如图4-22所示的创建新项目对话框，输入项目名称，选择项目路径、项目类型（包括新项目、合并已有项目来创建新项目、相机组的新项目、以项目合并来为相机组校准相机），然后选择【Next】。

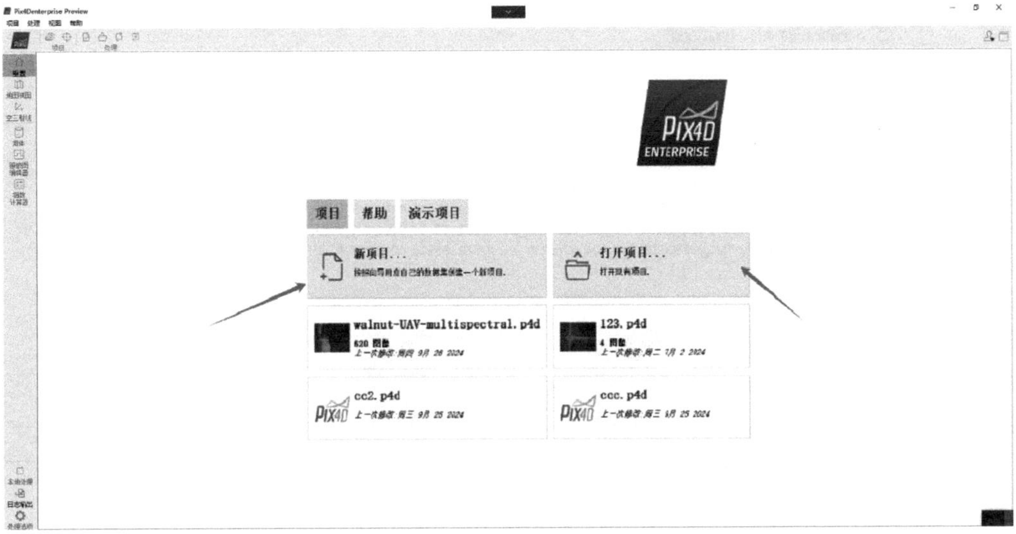

图 4－21　Pix4DMapper 主界面

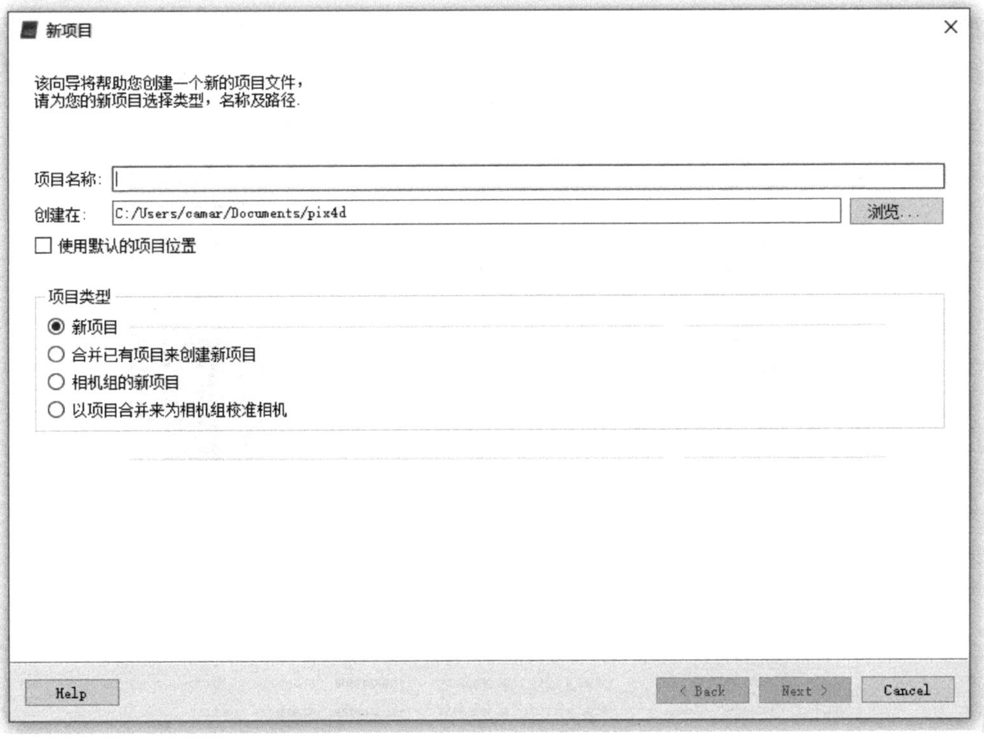

图 4－22　Pix4DMapper 创建新项目

（2）添加影像　按图 4－23 所示，点击【添加图像】，选择要加入的影像。影像路径可以与所建工程文件夹不同，但路径中不能包含中文字符，点击【Next】。

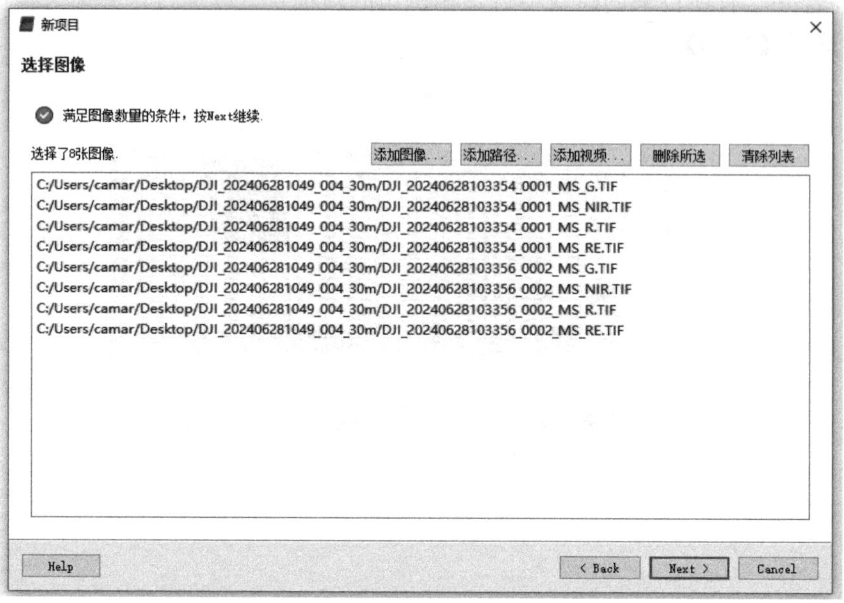

图 4 - 23　Pix4DMapper 添加影像示例

（3）设置影像属性　设置影像属性界面，如图 4 - 24 所示，主要包含图像地理位置和相机型号。图像地理位置包括坐标系和地理定位。坐标系默认是 WGS84（经纬度），地理定位默认会从图片 EXIF 信息中读取，如果 EXIF 中没有，可以从文件导入。相机型号通常软件能够自动识别，若需要修改，可点击【编辑】修改相机参数。

图 4 - 24　Pix4DMapper 设置影像属性

（4）选择输出坐标系　Pix4DMapper 软件可根据导入影像的位置信息自动选择输出坐标系，一般情况可不做修改，如图 4－25 所示。若要选择不同的坐标系，可以从【已知坐标系［m］】中搜索指定坐标系，或勾选【高级坐标系选项】定制坐标系。

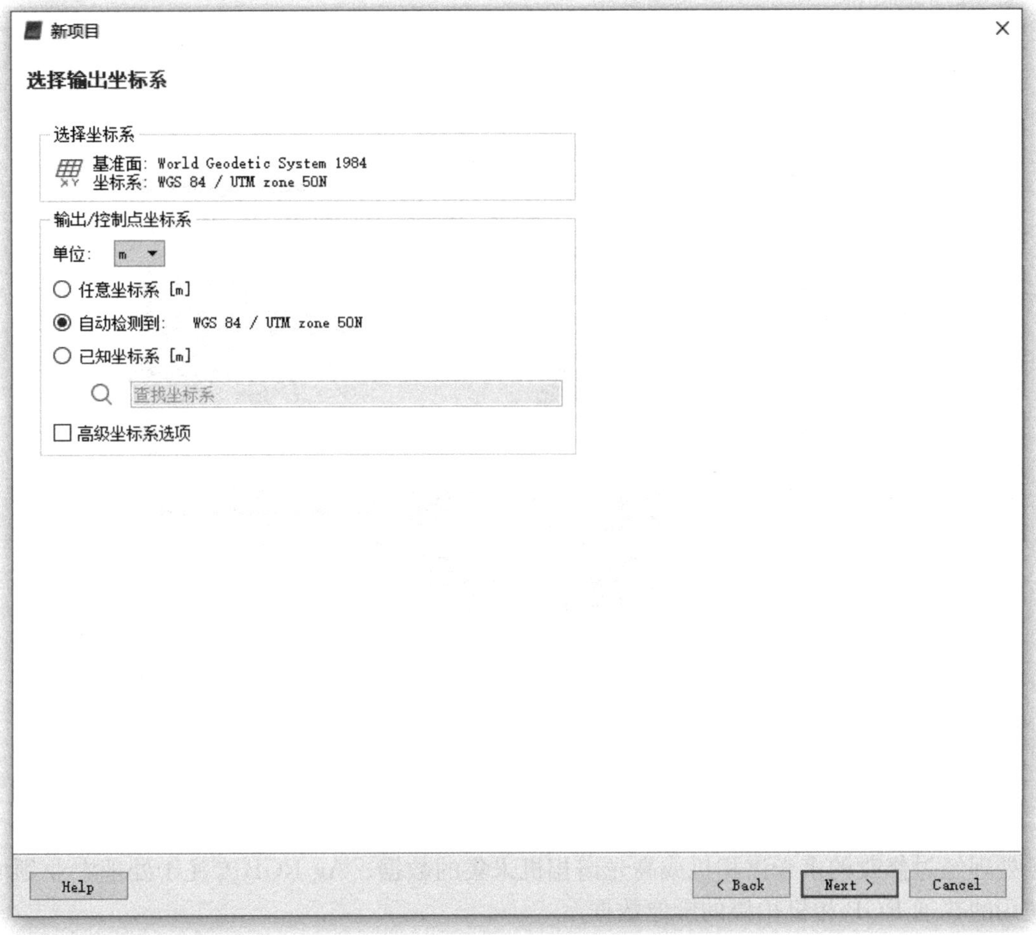

图 4－25　Pix4DMapper 选择输出坐标系

（5）处理选项模板　Pix4DMapper 提供了一系列的处理选项模板，如图 4－26 所示。这些模板可以帮助用户快速选择适合其项目需求的处理设置，主要包含标准处理模板、快速检测处理模板、高级处理模板 3 种。

标准处理模板提供了一般性的参数设置，适用于多数地图生成项目。其中，3D Maps 模板旨在生成高质量的 3D 地图，包括数字表面模型（DSM）和数字地面模型（DTM），以展示地形的高程信息。3D Models 模板专注于生成逼真的 3D 模型，可用于建筑、文化遗产、工程项目等领域的三维建模需求。Ag Multispectral 模板是针对农业领域设计的，用于处理多光谱影像数据，以生成农田的 NDVI 图像、植被指数等。

快速检测处理模板适用于需要快速生成地图或模型的项目。该模板通常会选择较低的处理精度和参数设置，以加快处理速度。其中，Ag Modified Camera 专为农业应用设计，

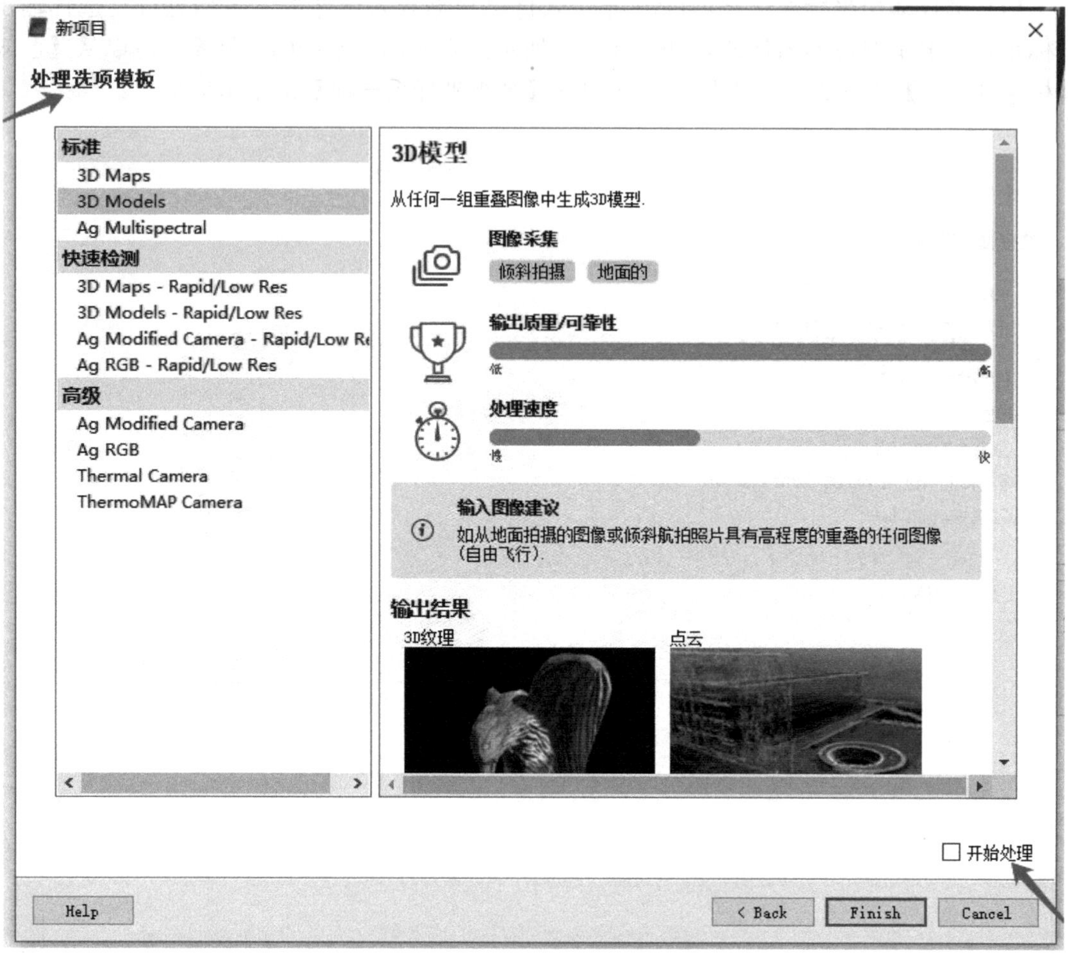

图 4－26　Pix4DMapper 选择处理选项模版

用于处理经过修改的多光谱相机或高光谱相机采集的数据。Ag RGB 专注于处理农业领域中使用的普通 RGB 相机拍摄的影像数据。

高级处理模板适用于需要高精度地图或模型的项目。该模板通常会选择更高的处理精度和参数值，以获得更精确的处理结果。其中，Thermal Camera 用于处理红外热像摄像头（红外相机）拍摄的热成像数据。ThermoMAP Camera 专为处理热成像相机数据而设计，用于生成热成像地图。

根据项目需求选择适合的模板后，如果选中【开始处理】，再点击【Finish】，则自动进入数据处理阶段，默认初始化处理、点云和纹理及 DSM、正射影像和指数都会执行。如果不选中【开始处理】，则不会自动进入处理阶段，而是进入图 4－27 所示的主页面。在主页面上，可通过左下角的“本地处理”选择需要进行的处理，点击【开始】后软件进入处理阶段。

4.2.1.2　处理选项

点击菜单栏左下角【处理选项】，进入处理选项对话框，如图 4－28 所示。其中，包

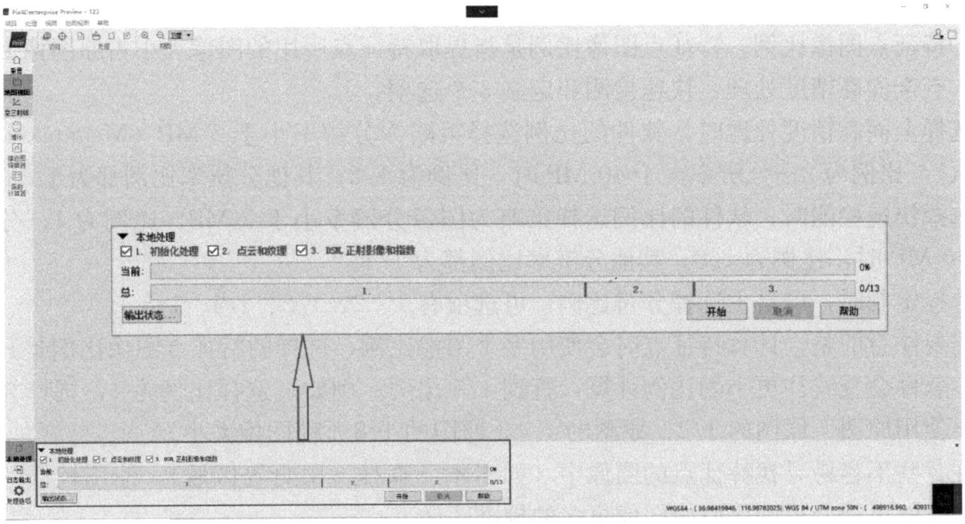

图 4 - 27　Pix4DMapper 主页面

括初始化处理，点云和纹理，DSM、正射影像和指数，资源及信息发送 4 组配置项。

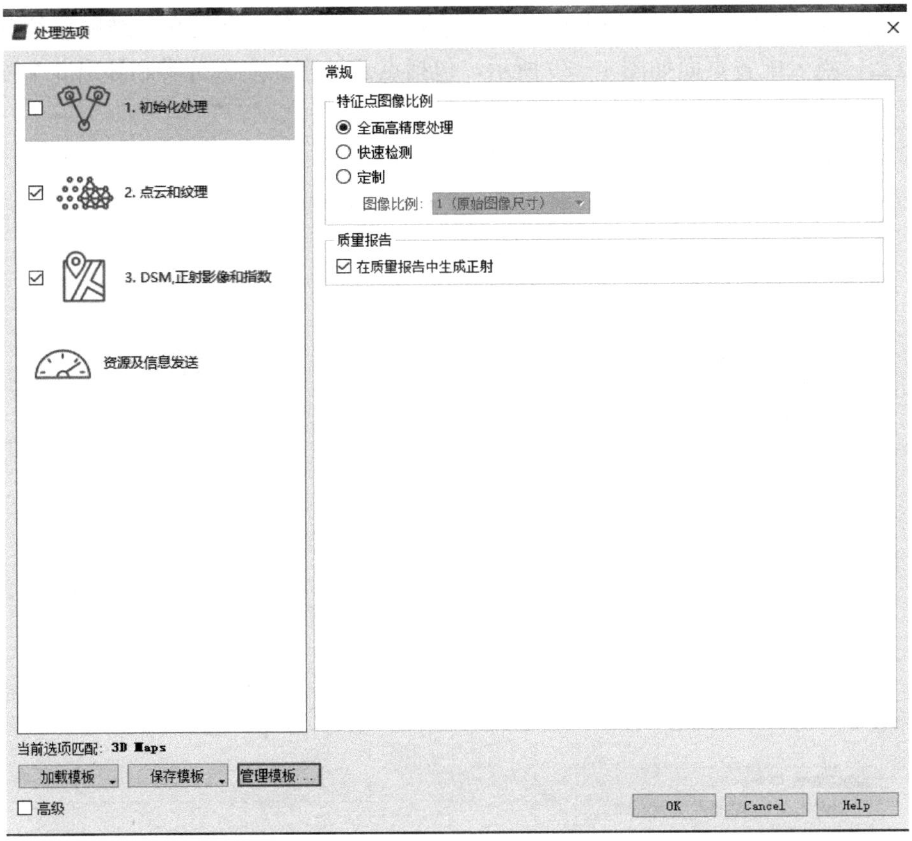

图 4 - 28　Pix4DMapper 处理选项

(1) 初始化处理 初始化处理包括两个配置项：特征点图像比例和质量报告。

①特征点图像比例。特征点图像比例是指提取特征点所用的图像大小占原图像大小的比例，有全面高精度处理、快速检测和定制 3 个选项。

选择全面高精度处理时，软件的比例选择策略为分辨率小于 2 MP（Megapixels，百万像素），比例为 2；分辨率大于 40 MP 时，比例为 1/2；其他分辨率比例都为 1。

选择快速检测时，软件的比例选择策略为图像分辨率小于 2 MP，比例为 1；分辨率大于 40 MP 时，比例为 1/8；其他分辨率比例都为 1/4。

选择定制时，可自主选择分辨比例，可选项有 1、2、1/2、1/4、1/8。

需要注意的是，计算特征点时会使用多个图像比例，选择的特征点图像比例是开始的比例，软件会继续往更小的比例计算，直到 1/8 比例。例如，选择比例为 1，则计算特征点时会使用原图、原图的 1/2、原图的 1/4，原图的 1/8 4 种图像大小。

在一些不容易寻找特征点的图像中（如树木、森林、田野等区域），使用较低的特征点图像比例可能会得到比原始图像更多的校准图像。

②质量报告。勾选“在质量报告中生成正射”后，质量报告将显示低分辨率的数字表面模型（DSM）和正射影像，质量报告的生成时间会变长。如果禁用此选项，质量报告的生成速度将提高。

(2) 点云和纹理 点云和纹理配置页面包含 2 个子页面：点云和三维网格纹理。

①点云。点云配置页面如图 4 - 29 所示，包括点云加密、点云分类和导出 3 个配置组。

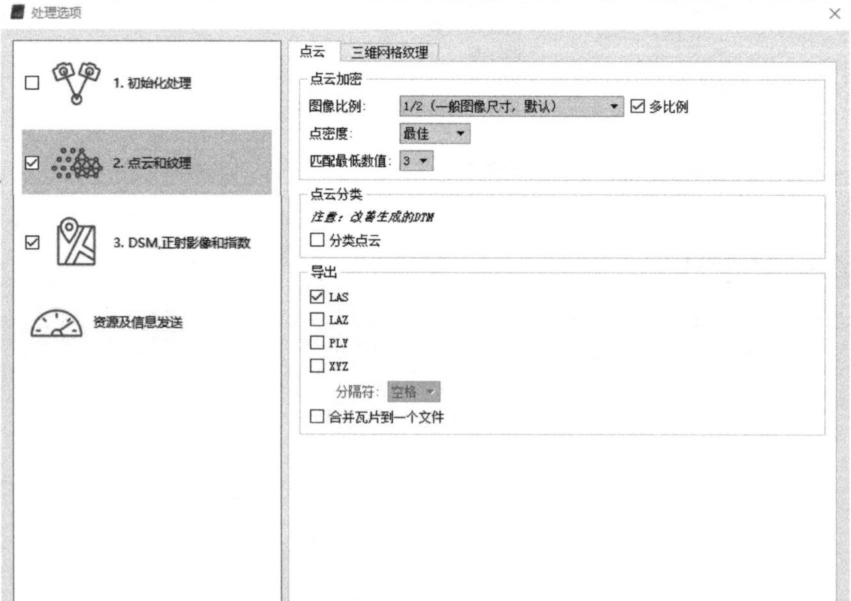

图 4 - 29 点云配置页面

a. 点云加密。

图像比例：越大则生成的点越多，得到细节越多，花的时间也越多。

多比例：选上后会额外生成更多 3D 点，体现更多的细节。

点密度：越大则越慢，越小则越快，默认选最佳。

匹配最低数值：点云中每个点至少要在几张相片上有匹配点。默认是 3，在影像重叠度较低时可选 2，但得到的点云质量将降低。选 4 或更大将会提高点云质量，但是得到的点数量会减少。

b. 点云分类。勾选后将会对生成的点云进行分类，类型有地面（Ground）、路面（Road Surface）、高植被（High Vegetation）、建筑（Building）、人造物体（Human Made Object）。

c. 导出。可选择的点云导出格式有 4 种。

LAS：LiDAR 点云格式，存储了每个点的 X、Y、Z 坐标和颜色信息。

LAZ：是 LAS 的压缩文件。

PLY：是斯坦福大学开发的一套三维网格（mesh）模型数据格式，图形学领域内很多著名的模型数据是基于该格式的。

XYZ：ASCⅡ文本文件格式存储每个点的 X、Y、Z 坐标和颜色信息。

②三维网格纹理。纹理配置页面如图 4-30 所示，有生成、配置、导出 3 个配置组。

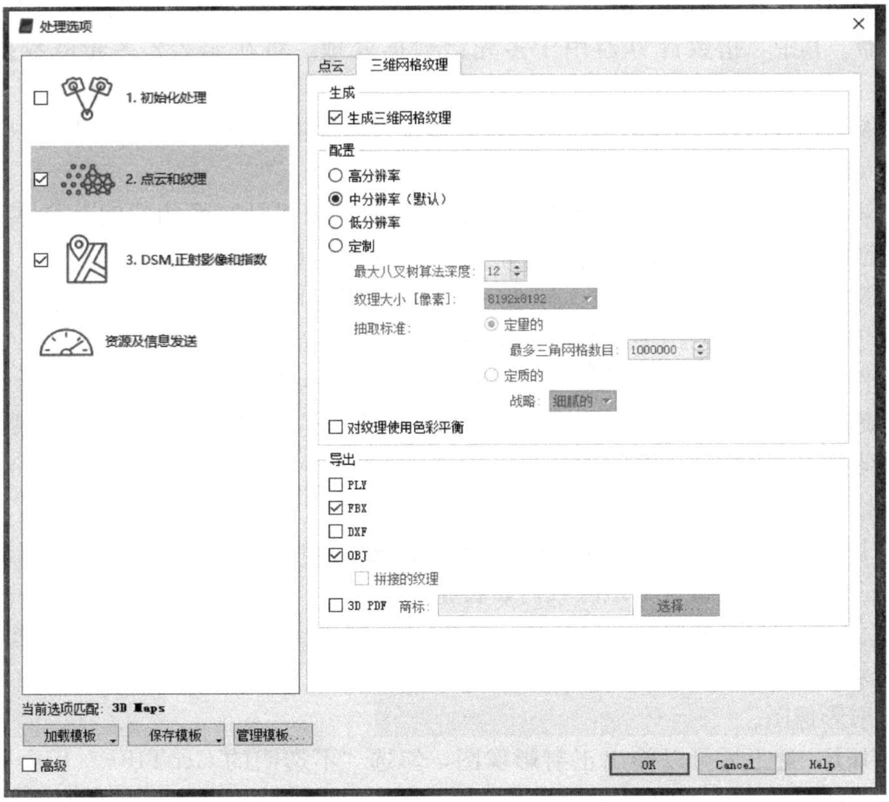

图 4-30　纹理配置页面

a. 生成。可选择是否生成三维网格纹理。

b. 配置。有高、中、低 3 种分辨率可供选择，默认是中分辨率，也可以定制化分辨率。高分辨率下细节水平高，能够最大化三维网格纹理的视觉效果，但计算时间和文件大小将显著增加。中分辨率能够在三维网格纹理的大小、计算时间和细节水平之间取得良好平衡。低分辨率下的细节水平低，计算速度快，文件小，适合进行三维网格纹理分享。定制分辨率有 3 个参数：最大八叉树算法深度，值越大分辨率越高，计算量越大；纹理大小［像素］，会影响像素大小；抽取标准，用于配置在创建了过多的三角形时如何丢失多余的三角形，分定量和定质两种方式。

c. 导出。纹理可以导出成 4 种格式。

PLY：使用 PLY 格式导出三维网格纹理每个顶点的 X、Y、Z 坐标和 jpg 格式的纹理文件。

FBX：是一种用于交换三维数据的通用文件格式，可用于在不同的三维软件之间交换模型、动画、材质等数据。可以导出纹理每个顶点的 X、Y、Z 坐标和嵌入的纹理信息（不再单独保存图片文件）。

DXF：是一种 AutoCAD Drawing Exchange Format（DXF）文件，用于在不同的 CAD 软件之间交换和共享图形数据。只能导出纹理每个顶点的 X、Y、Z 坐标。

OBJ：是标准的三维模型文件（可以在 3DMAX 中打开）。可以导出纹理每个顶点的 X、Y、Z 坐标，以及 jpg 格式和 mtl 格式的纹理文件。

（3）DSM，正射影像和指数 该配置项有 3 个子项：DSM 和正射影像、附加输出及指数计算器。其中，指数计算器用于多光谱数据处理，将在 4.2.2 多光谱数据处理中介绍。

①DSM 和正射影像。按图 4－31 所示，该配置页面有分辨率、DSM 过滤、栅格数字表面模型（DSM）和正射影像图 4 个配置组。

a. 分辨率。定义用于生成数字表面模型（DSM）和正射影像的空间分辨率。“自动的”是按照地面分辨率的倍数进行设置，“定制”表示可以任意指定。

b. DSM 过滤。使用噪波过滤：勾选后可以设置点云噪波过滤模板的大小，模板越大则删去的点越多，得到的结果越平滑；模板越小，则保留的点越多。

使用平滑表面：一旦使用噪波过滤，那么根据点云会有一个表面生成。这个表面会有很多不正确的噪点，使用点云平滑可以改善这些噪点。选择“尖锐”类型可以保留更多的转角、边缘特征，选择“平滑”类型会平滑整个区域，“中等”类型是前两者的一个折中。

c. 栅格数字表面模型（DSM）。

GeoTIFF：保存 DSM 为 GeoTIFF 文件，生成方法可以选择距离倒数加权法（适合建筑）或三角测量法（适合平坦区域，如农业用地）。

合并瓦片：通过合并单个瓦片生成一个单一的 DSM GeoTIFF 文件，不勾选时生成的 DSM 是分块的。

d. 正射影像图。

GeoTIFF：选上后可以输出正射影像图，勾选“不透明的 GeoTIFF”后会生成一个不带透明度的 GeoTIFF 文件。

谷歌地图瓦片和 KML：为正射影像生成 Google Maps 和 Google Earth 文件。

图 4－31　DSM 和正射影像配置页面

②附加输出。按图 4－32 所示，该配置页面有方格数字表面模型（DSM）、格网 DTM、格网 DTM 分辨率、等高线 4 个配置组。

图 4－32　附加输出

a. 方格数字表面模型（DSM）。可选择 DSM 的输出文件格式。“栅格间距”定义了网格 DSM 中 2 个三维点之间的距离，单位是厘米。

b. 格网 DTM。只有在选择了栅格 DSM 和栅格 DSM 的合并瓦片选项时，生成栅格 DTM 的选项才可用。

c. 格网 DTM 分辨率。“自动的”按地面分辨率的倍数设置分辨率，默认为 5 ×地面分辨率。“定制”允许设置为任意大于 5 ×地面分辨率的值。

d. 等高线。设置生成的等高线文件格式（SHP、PDF、DXF）、等高基线（生成等高线的参考海拔）、等高距（等高线的海拔间隔）、分辨率（海拔值的水平距离）、最小线尺寸（等高线可以拥有的最小顶点数量，顶点少于该数量的线段将被删除，从而减少噪声）。

（4）资源及信息发送 按图 4-33 所示，该页面用来配置计算机资源使用和发送右键通知。

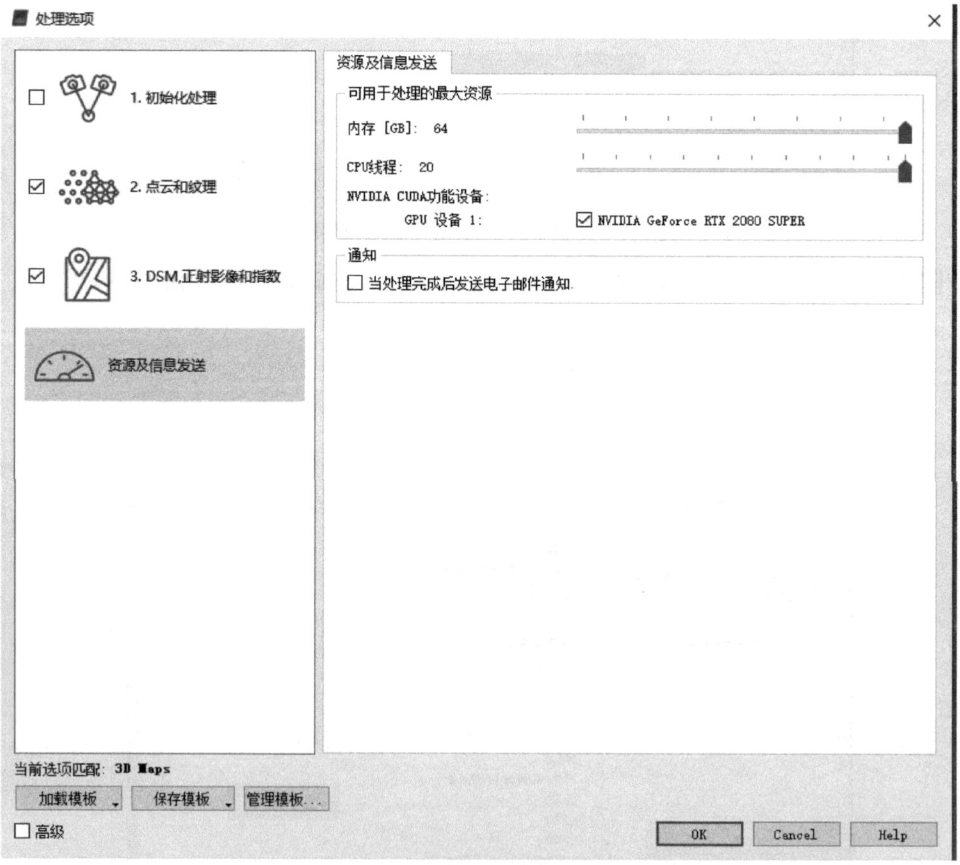

图 4-33 资源及信息发送

①可用于处理的最大资源。用于配置内存、CPU 线程和 NVIDIA CUDA 功能设备。

内存：根据实际情况，选择计算机使用内存；一般都是选择最大，充分利用机器内存。

CPU 线程：根据实际情况，选择计算机使用 CPU 线程数；一般都是选择最大，充分利用机器计算资源。

NVIDIA CUDA 功能设备：如果计算机有英伟达独立显卡，会显示在这里；一般都是选中该项，以加快计算进程。

②通知。可根据需要选择是否当处理完成后发送电子邮件通知。

4.2.1.3　快速处理检查

Pix4DMapper 执行数据处理前会对数据质量进行快速处理检查并生成质量报告，旨在快速评估数据处理的准确性和质量，质量报告首页如图 4－34 所示。质量报告的两个关键数据是 Dataset、Camera optimization quality。可根据质量报告，决定是否进行下一步操作。

Quality Report

Generated with Pix4Denterprise version 4.4.10 Preview

Important: Click on the different icons for:

Help to analyze the results in the Quality Report

Additional information about the sections

Click here for additional tips to analyze the Quality Report

Summary

Project	walnut-UAV2
Processed	2024-07-18 12:46:56
Camera Model Name(s)	M3M_12.3_5280x3956 (RGB)
Average Ground Sampling Distance (GSD)	2.34 cm / 0.92 in
Area Covered	0.188 km^2 / 18.8093 ha / 0.07 sq. mi. / 46.5028 acres
Time for Initial Processing (without report)	13m:25s

Quality Check

Images	median of 69521 keypoints per image	✓
Dataset	225 out of 234 images calibrated (96%), all images enabled	✓
Camera Optimization	2.25% relative difference between initial and optimized internal camera parameters	✓
Matching	median of 17853.7 matches per calibrated image	✓
Georeferencing	yes, no 3D GCP	⚠

Preview

Figure 1: Orthomosaic and the corresponding sparse Digital Surface Model (DSM) before densification.

图 4－34　质量报告首页

(1) Dataset(数据集) 在快速处理过程中所有的影像都会进行校准操作，这里需要确定大部分或者所有的影像都成功校准。引起影像校准失败的原因可能是图像之间的重叠度不够、图像存在模糊等质量问题、图片内没有明显特征点等。

(2) Camera optimization(相机参数优化) 一般选择的相机焦距和计算得到的相机焦距相差不能超过 5%，不然就是最初选择的相机模型有误，需要重新设置。

4.2.2 多光谱数据处理

4.2.2.1 选择处理模板

Pix4DMapper 支持对多光谱影像数据和红外影像数据进行处理和分析，用于农业、环境和自然资源管理等领域。处理多光谱影像数据可选择 Pix4DMapper 提供的 Ag Multispectral 处理模板，处理多光谱影像数据以生成农田的 NDVI 图像、植被指数等。农业多光谱处理选项模板如图 4-35 所示。

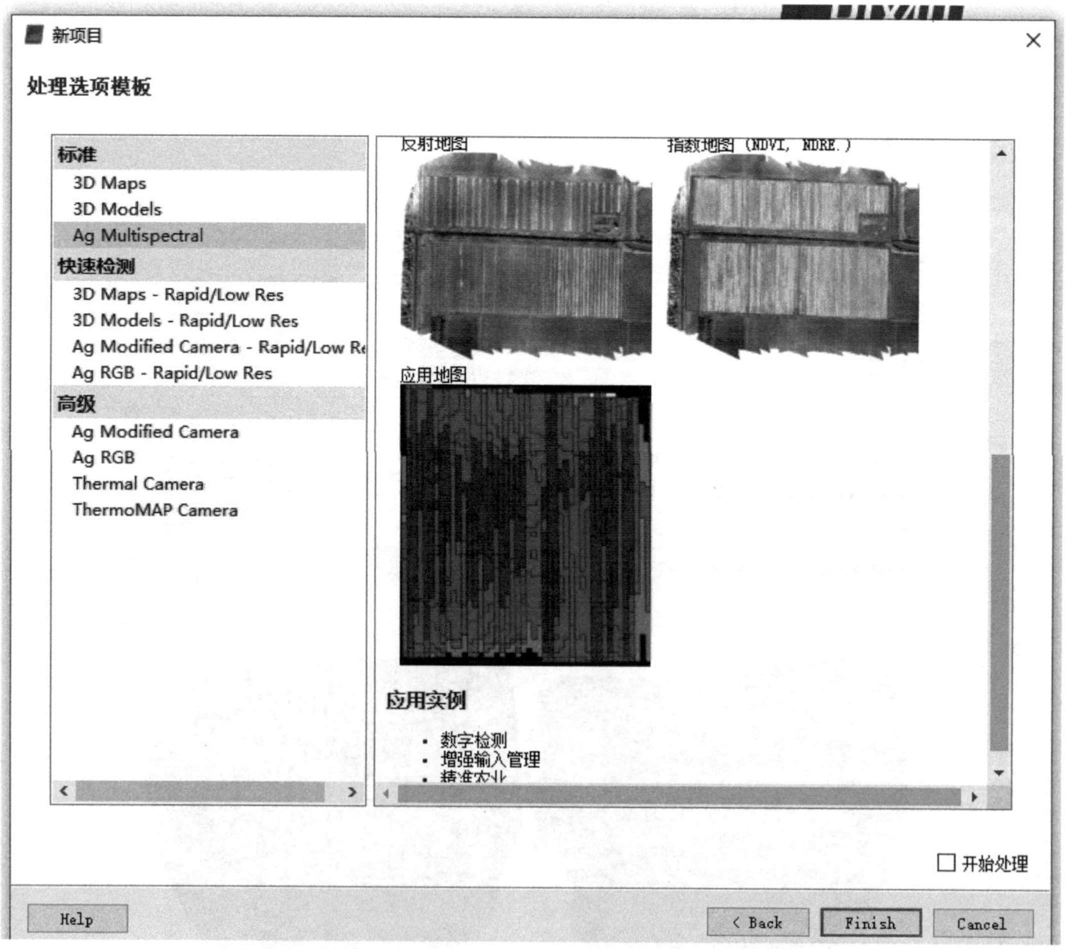

图 4-35 农业多光谱处理选项模板

4.2.2.2　配置处理参数

通过处理选项中【DSM，正射影像和指数】下的【指数计算器】配置多光谱数据处理参数，如图 4-36 所示。

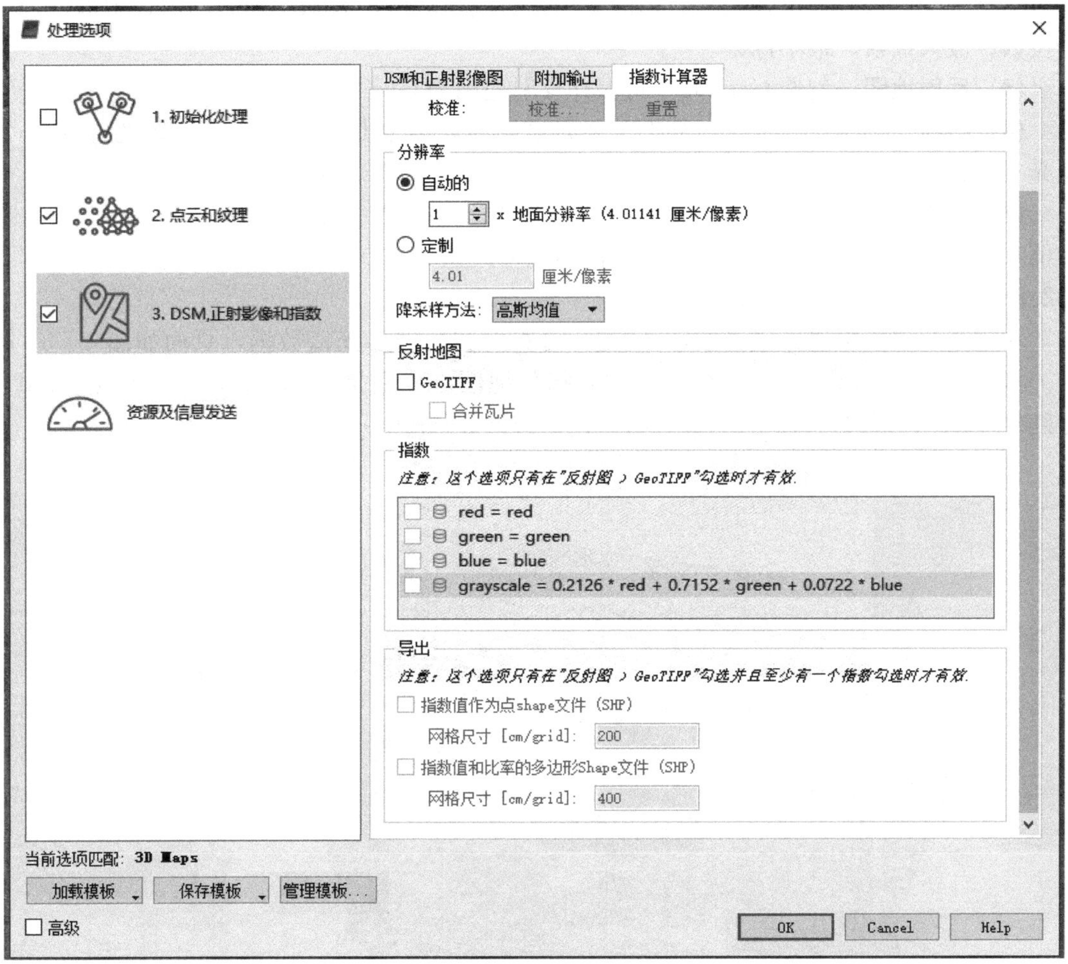

图 4-36　指数计算器处理选项

（1）辐射处理和校准　对图像的反射率进行校准和校正，校正类型有 5 种。

①无校正。不进行任何辐射校正。

②仅相机。校正将应用于 EXIF 元数据中记录的与相机相关的参数（如晕影、暗电流、ISO 等）。

③相机和太阳辐照度。将对相机参数、写入 EXIF 标签中的太阳辐照度信息进行校正。

④相机、太阳辐照度和太阳角度。在对相机参数、太阳辐照度信息进行校正的同时，考虑太阳的位置。此选项仅适用于在晴空条件下进行的飞行。

⑤相机、太阳辐照度和使用 DLS IMU 的太阳角度。与前一个选项相同，但不需要相机和 DLS（Digital Light Sensor）传感器之间有固定的位置和角度，方向由嵌入太阳传感

器的 IMU 标记。

(2) 分辨率 选择“自动的”时，以地面分辨率的倍数设置分辨率，默认为 1×地面分辨率（4.01141 cm/pixel）。选择的分辨率低于地面分辨率时，需要进行图像降采样，通过“降采样方法”设置降采样采用的方法，有高斯均值、高斯快速、均值、中值、75%分位数、最大像素、最小像素。

(3) 反射地图 勾选 GeoTIFF 可保存反射地图为 GeoTIFF 文件。

(4) 指数 Pix4D Mapper 支持 4 种光谱指数，分别是红光（red）、绿光（green）、蓝光（blue）、灰度（0.2126 ×red+0.7152 ×green+0.0722 ×blue）。

(5) 导出 可将指数值导出为点 Shape 文件，网格尺寸默认为 200 cm/grid；或将指数值和比率导出为多边形 Shape 文件，网格尺寸默认为 400 cm/grid。

4.2.2.3 查看指数计算器页面

在左侧菜单栏中选择【指数计算器】，可查看和处理多光谱数据，页面如图 4-37 所示。指数计算器中可生成 5 种反射地图和指数地图，分别是绿光（green）、红光（red）、近红外（nir）、红边（red _ edge）、归一化植被指数（ndvi）。

图 4-37 指数计算器页面

5 无人机航测数据发布

无人机航测数据经过数据处理软件处理后，输出 DEM、DOM 等数据产品，在实际应用中，DOM 可以用来进行地面附着物分析，是农业等领域需求的主要产品。DOM 产品通常输出为 TIFF 文件，文件较大，直接浏览速度较慢；许多情况下需要在 Web 端借助 DOM 结果，进行区域划定、标记添加等操作。因此，通常需要将结果发布成 Web 瓦片地图形式，方便集成到其他系统。本章讲述数据发布的基本原理，并介绍几种常用软件的操作。

5.1 TIFF 文件

5.1.1 TIFF 文件定义

标签图像文件格式（tag image file format，简称 TIFF），是一种灵活的位图格式（即栅格数据），主要用来存储包括照片和艺术图在内的图像，最初由 Aldus 公司与微软公司一起为 PostScript 打印开发，TIFF 文件的后缀是 . tif 或者 . tiff。

作为一种标记语言，TIFF 与其他文件格式最大的不同在于，除了图像数据本身以外，它还可以记录很多图像的其他信息。TIFF 文件记录图像数据的方式非常灵活，理论上，几乎所有其他图像格式都可以被嵌入 TIFF 文件中。例如，JPEG、JPEG2000 和任意数据宽度的原始无压缩数据都可以方便地嵌入 TIFF 中去。由于它的可扩展性，TIFF 在数字影像、遥感、医学等领域中得到了广泛应用。

遥感图像等含有坐标数据的文件，实际采用的是基于 TIFF 文件发展而来的 GeoTIFF 文件。GeoTIFF 是将地理（或制图）数据作为标记嵌入 TIFF 文件中，GeoTIFF 文件中的地理数据可用于将图像定位在地理信息显示设备上的正确位置。TIFF 对 GeoTIFF 的支持已写入了 TIFF6. 0，即 GeoTIFF 文件是一种 TIFF6. 0 文件。GeoTIFF 继承了在 TIFF6. 0 规范中的相应部分，所有的 GeoTIFF 特有的信息都编码在 TIFF 的一些预留 Tag（标签）中；它没有自己的 IFD（图像文件目录）、二进制结构，以及其他一些对 TIFF 来说不可见的信息。

5.1.2 TIFF 文件结构

TIFF 文件结构包括 3 个关键词：图像文件头（IFH）、图像文件目录（IFD）和图像目录项（DE）。

5.1.2.1 图像文件头（IFH）

图像文件头包括3个组成部分，分别如下。

（1）字节顺序标志 占用2个字节（byte 0—byte1），值为Ⅱ或者MM。Ⅱ表示小字节在前，即小端格式（little-endian）；MM表示大字节在前，即大端格式（big-endian）。

（2）TIFF标志位 占用两个字节（byte 2—byte 3），一般都是42。

（3）第一个IFD的偏移量 第一个IFD的偏移量可以在任意位置，但必须是在一个字的边界；也就是说，必须是2的整数倍。

图5-1给出了一个实际图像文件头的十六进制示例。

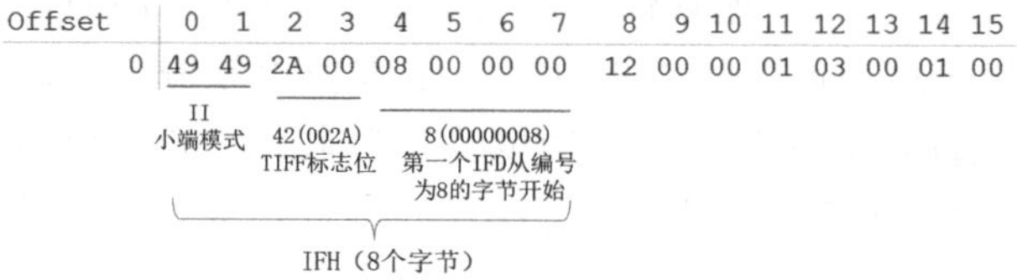

图5-1 TIFF图像文件头示例

5.1.2.2 图像文件目录（IFD）

图像文件目录包括3个组成部分，分别如下。

（1）DE个数 占用2个字节，表示此IFD包含多少个DE，为后续计算方便，这里假设有n个DE。

（2）DE详细描述 每个DE占用12个字节，n个DE共占$n\times 12$个字节。

（3）下一个IFD偏移量 占用4个字节，表示下一个IFD偏移量。如果没有，则为0。

图5-2给出了一个实际图像文件目录的十六进制示例，该目录包含18个DE。

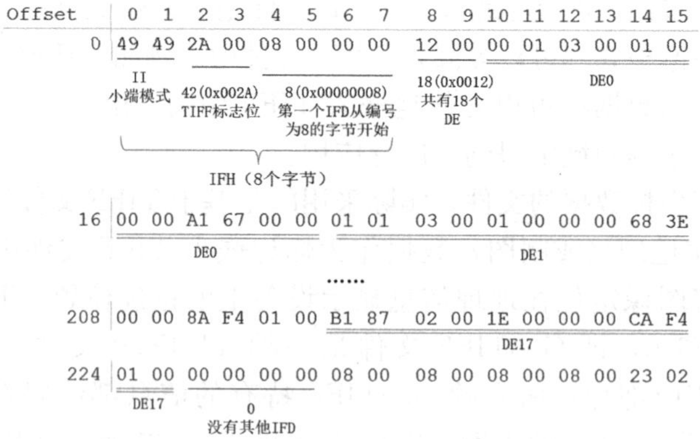

图5-2 TIFF图像文件目录示例

5.1.2.3 图像目录项（DE）

图像目录项共12个字节，由4个部分组成，分别如下。

（1）Tag标识符 占用2个字节，存储TIFF标签的编码。

标签是TIFF文件的核心，主要有3类：基础标签（Baseline Tags）、扩展标签（Extension Tags）、私有标签（Private Tags）。可以从网上找到TIFF标签列表，查找标签的编码、名称和相关描述。

基础标签是 TIFF 核心的一部分，是所有主流 TIFF 开发人员都应该在产品中支持的基本要素。

扩展标签主要包括一些附加标签或者现有标签的附加值，不一定被所有 TIFF 读取器支持。

私有标签最初是 Adobe 为想要存储私有信息的组织分配的，可以利用私有标签记录用户自己定制化的信息。有些私有标签接受度很高，变得更加通用，可以看作扩展标签的一种。GeoTIFF 相关的标签就存储于私有标签编码段。

（2）数据类型 占用 2 个字节，表示数据类型。

在 TIFF6.0 中定义了 12 种数据类型，分别如下。

①8 位无符号整数，长度 1 个字节。

②ASCII 码，长度 1 个字节。

③16 位无符号短整型，长度 2 个字节。

④32 位无符号长整型，长度 4 个字节。

⑤2 个无符号长整数表示的分数。第一个整数是分子，长度 8 个字节。

⑥8 位有符号整数，长度 1 个字节。

⑦8 位未定义，可以包含任何内容，长度 1 个字节。

⑧16 位有符号短整数，长度 2 个字节。

⑨32 位有符号短整数，长度 4 个字节。

⑩2 个有符号长整数表示的分数，第一个整数是分子，长度 8 个字节。

⑪单精度浮点数，长度 4 个字节。

⑫双精度浮点数，长度 8 个字节。

（3）数量 占用 4 个字节，通过类型和数量可以确定存储此 TAG 的数据需要占据的字节数。

（4）数值或指针 占用 4 个字节。如果数据占用的字节数少于 4 个字节，则数据直接存于此；如果超过 4 个字节，则这里存放的是指向实际数据的指针。

图 5－3 给出了一个实际图像目录项的十六进制示例，对其中 2 个目录项进行了详细解读，分别对应数据总长度少于 4 个字节和大于 4 个字节两种情况。

5.1.3 GeoTIFF 标签

GeoTIFF 通过在 TIFF 文件的私有标签域添加新的标签来增加新的参数。GeoTIFF 相关的标签主要包含 3 个：GeoKeyDirctoryTag、GeoDoubleParamsTag、GeoAsciiParamsTag。其中，GeoKeyDirctoryTag 是主要记录信息的部分，而 GeoDoubleParamsTag、GeoAsciiParamsTag 可以看作是 GeoKeyDirctoryTag 的数据字典。GeoTIFF 的其他标签还有 ModelTiepointTag（用于定义地理坐标系统的原点）、ModelPixelScaleTag（提供每个像素在地理空间中的实际大小）、ModelTransformationTag（包含一个矩阵，用于将像素/行列坐标转换为地理坐标）等。

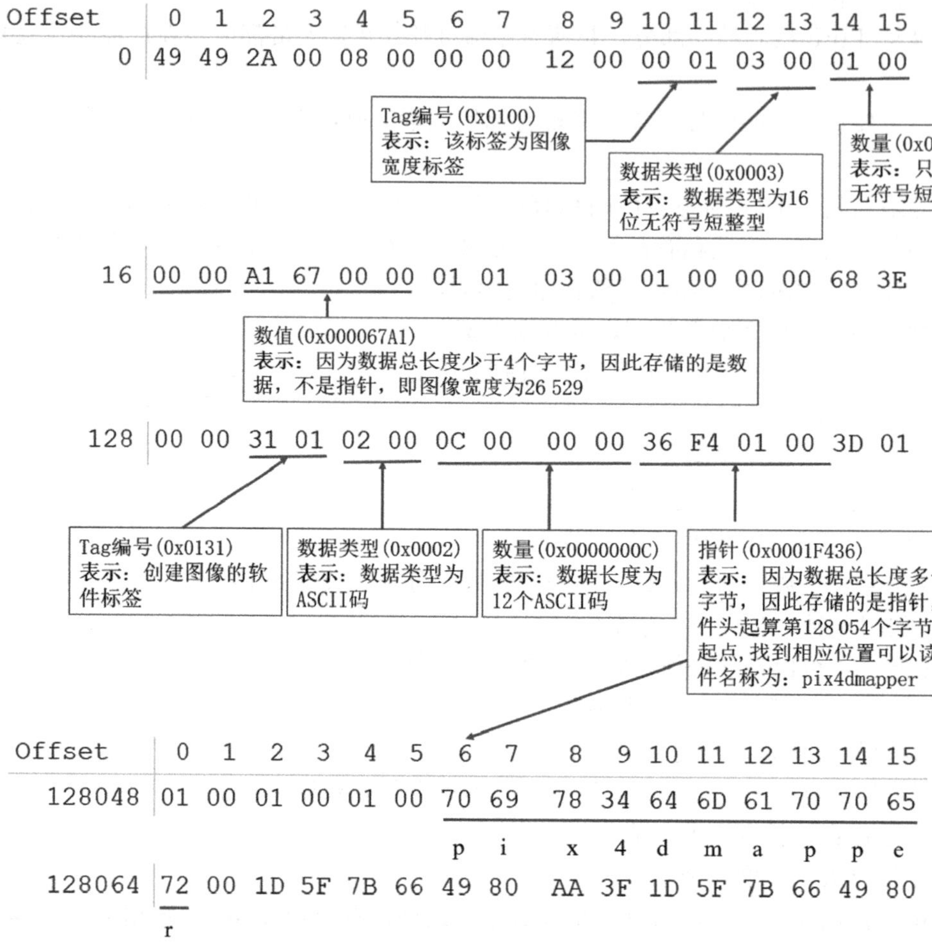

图 5-3 图像目录项示例

5.1.3.1 GeoKeyDirctoryTag

GeoKeyDirctoryTag，也被称作投影信息标签（ProjectionInfoTag）或者坐标系统信息标签（CoorSystemInfoTag），其标签标识符为 0x87AF。

GeoKeyDirctoryTag 的第 1 个值为版本号，始终为 1；第 2 个值为键集修订版号；第 3 个值为键码修订版号；第 4 个值为键的数目。其后面的值 4 个一组，为键的记录集，每个键记录的结构为［键 ID］［标记位置］［计数］［偏移］。

图 5-4 给出了一个实际文件的 GeoKeyDirctoryTag 内容示例。

键记录的 4 个组成部分的含义如下。

（1）键 ID 见附录 2。

（2）标记位置 如果是 0，它的值就是［偏移］。如果是 34 736，表示值为 double 类型，值为 GeoDoubleParamsTag 标记的第［偏移］个值。如果是 34 737，表示值为字符串，值为 GeoAsciiParamsTag 标记的值；从［偏移］开始，长度为［计数］。末尾的‘|’符号转换为‘\0’。

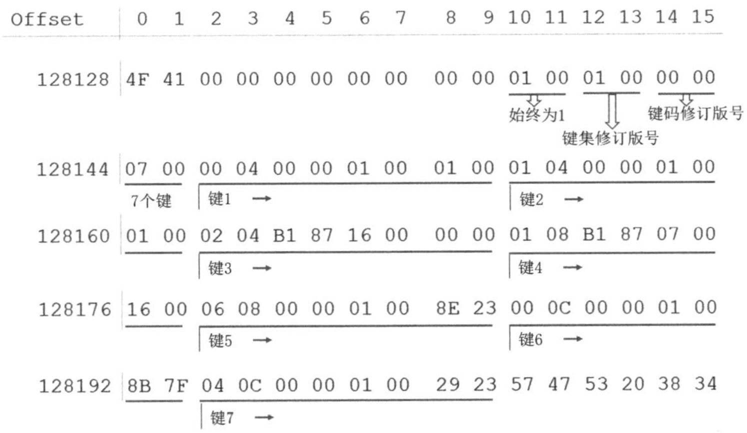

图 5-4　GeoKeyDirctoryTag 内容示例

(3) 计数　数据数量，如果是字符串，表示字符串长度；如果是 double 类型，表示 double 类型数值的数量。

(4) 偏移　参考以上关于标记位置的说明。

图 5-5 给出了一个实际文件的键记录示例。

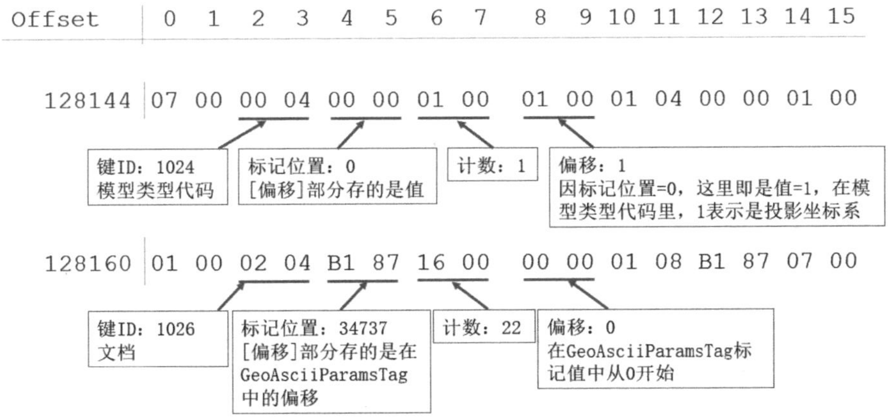

图 5-5　GeoTIFF 键记录示例

5.1.3.2　GeoDoubleParamsTag

GeoDoubleParamsTag 标签值部分存储的是一系列 double 类型数值。作为 GeoKeyDirctoryTag 的 double 类型数据的字典，其标签标识符为 0x87B0。

5.1.3.3　GeoAsciiParamsTag

GeoAsciiParamsTag 标签值部分存储的是一串字符。作为 GeoKeyDirctoryTag 的字符类型数据的字典，其标签标识符为 0x87B1。

以图 5-5 中 ID 为 1026 的键为例，其数据在 GeoAsciiParamsTag 中偏移量为 0，计数为 22，可得出其值为字符串“WGS 84 / UTM zone 51N | ”。

5.1.3.4 ModelTiepointTag

该标签也被称作 GeoReferenceTag，其标签标识符为 0x8482。其值按顺序保存了栅格空间到模型空间的连接点（Tie Point）的信息，格式为（…，I，J，K，X，Y，Z，…）；每组有 6 个 double 型值，有多少个连接点，就有多少组。图 5-6 给出了一个实际文件的 GeoAsciiParamsTag 示例。

Offset	0	1	2	3	4	5	6	7	8	9	10	11	12	13	14	15
0000128192	8B	7F	04	0C	00	00	01	00	29	23	57	47	53	20	38	34
											WGS 84					
0000128208	20	2F	20	55	54	4D	20	7A	6F	6E	65	20	35	31	4E	7C
	/ UTM zone 51N|															
0000128224	57	47	53	20	38	34	7C	00	80	00	20	50	38	24	16	0D

图 5-6　GeoAsciiParamsTag 示例

（I，J，K）是栅格空间里在位置（I，J）、具有像素值 K 的一个点，（X，Y，Z）是模型空间里的一个向量。在大多数情况下模型空间只有两维，K 和 Z 应该被设置为零。这个第三维是用于未来对 3D 数字高程模型和垂直坐标系统的支持。图 5-7 给出了一个实际文件的 ModelTiepointTag 内容示例。

DE目录项

Offset	0	1	2	3	4	5	6	7	8	9	10	11	12	13	14	15
176	01	00	0E	83	0C	00	03	00	00	00	42	F4	01	00	82	84
															编码 (0x8482)	
192	0C	00	06	00	00	00	5A	F4	01	00	AF	87	03	00	20	00
	数据类型 double		6个 double				偏移量 十进制：128 090									

标签值

Offset	0	1	2	3	4	5	6	7	8	9	10	11	12	13	14	15
											开始位置					
128080	AA	3F	00	00	00	00	00	00	00	00	00	00	00	00	00	00
											I=0					
128096	00	00	00	00	00	00	00	00	00	00	00	00	00	00	00	00
			J=0								K=0					
128112	00	00	76	C3	B6	45	7C	B8	11	41	B1	C9	1A	A9	BD	69
			X=290 335.068 08								Y=4 117 371.321 13					
128128	4F	41	00	00	00	00	00	00	00	00	01	00	01	00	00	00
			Z=0													

图 5-7　ModelTiepointTag 值示例

5.1.3.5 ModelPixelScaleTag

ModelPixelScaleTag 的标签标识符为 0x830E，在栅格空间不经旋转就能够嵌入模型空间坐标系的时候，这个标记可以用来指定以模型空间单位表示的栅格像素间隔的大小。该标记的值由 ScaleX、ScaleY、ScaleZ 3 个值组成。

Scale$X$ 和 Scale$Y$ 给出栅格像素的水平间距和垂直间距，Scale$Z$ 主要用于将数字高程模型的像素值映射到正确的 Z 比例（换句话说，Z 比例因子）。在多数情况下 Scale$Z$ 值为 0，因为多数模型空间是 2 维的，即 $Z=0$。

利用 ModelTiepointTag 中的单个连接点结合 ModelPixelScaleTag，就完全决定了栅格空间和模型空间二者之间的关系。因此，它们是 GeoTIFF 文件最常用的将栅格图像定位到模型空间中的两个标签。

如果栅格空间到模型空间之间的变换需要旋转或剪切，则不能使用 ModelPixelScaleTag，而是需要使用 ModelTransformationTag 来定义转换关系。

图 5 - 8 给出了一个实际文件的 ModelPixelScaleTag 内容示例。

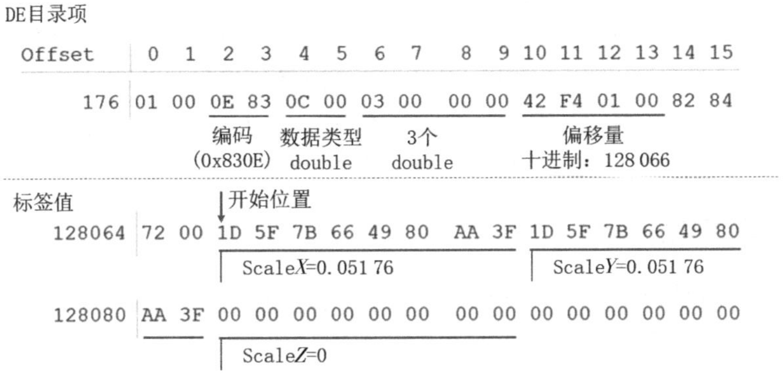

图 5 - 8 ModelPixelScaleTag 标签示例

5.1.3.6 ModelTransformationTag

ModelTransformationTag 的标签标识符为 0x85D8。该标签用来指定栅格空间和模型空间之间的变换矩阵，包含 16 个 double 类型的数据；若顺序表示为（a，b，c，d，e，f，g，h，i，j，k，l，m，n，o，p），则转换关系可以表示为式（5 - 1）。

$$\begin{bmatrix} X \\ Y \\ Z \\ 1 \end{bmatrix} = \begin{bmatrix} a & b & c & d \\ e & f & g & h \\ i & j & k & l \\ m & n & o & p \end{bmatrix} \begin{bmatrix} I \\ J \\ K \\ 1 \end{bmatrix} \tag{5-1}$$

5.2 坐标系统

将真实的凹凸不平的地表展示到地图上，需要经过两次抽象，第一次是将地表物体抽象到规则的椭球面，此时的坐标系为地理坐标系（也称为大地坐标系）；第二次是将椭球体上的地物抽象到平面，使用的坐标系为投影坐标系。

5.2.1 大地水准面

大地水准面是海洋表面在排除风力、潮汐等其他影响，只考虑重力和自转影响下的形状；这个形状延伸过陆地，生成一个密闭的曲面。由于地球引力分布不均（因为密度不同等原因），大地水准面是一个不规则的光滑曲面。虽然不规则，但是可以近似地表示为一个椭球体，这个椭球体被称为参考椭球体（Reference Ellipsoid）。大地水准面相对于参考椭球体的高度被称为 undulation of the geoid；这个高度最高在冰岛，为 85 m；高度最低在印度南部，为−106 m。

5.2.2 参考椭球体

参考椭球体（Reference Ellipsoid）是一个数学上定义的地球表面，它近似于大地水准面。因为是几何模型，可以用长半轴、短半轴和扁率来确定模型的规模。通常所说的经度、纬度和高度都以此为基础。

因为大地水准面并不规则，地球上不同地区往往需要使用不同的参考椭球体来尽可能适合当地的大地水准面。历史上出现了很多不同的参考椭球体，很多仍然在使用中。国内过去使用过北京 54 和西安 80 两个坐标系。其中，北京 54 坐标系使用的是克拉索夫斯基（Krasovsky）1940 的参考椭球，西安 80 坐标系使用的是 1975 年国际大地测量与地球物理联合会第 16 届大会推荐的参考椭球。当前世界范围内更普遍使用的是 WGS 所定义的参考椭球。

5.2.3 地理坐标系

地理坐标系一般是指由经度、纬度和高度组成的坐标系，能够标示地球上的任何一个位置。由于不同地区可能会使用不同的参考椭球体，或是使用相同的椭球体，但为了让椭球体更好地吻合当地的大地水准面，调整了椭球体的方位甚至大小；这就需要使用不同的大地测量系统（Geodetic datum）来标识。因此，在处理地理数据时，必须先确认数据所用的测量系统。事实上，随着对地球形状测量的日益精确，北美使用的 NAD83 基准和欧洲使用的 ETRS89 基准与 WGS84 基准是基本一致的，我国的 CGCS2000 基准与 WGS84 基准之间的差异也是非常小的。但是，差异非常小不代表完全一致。以 NAD83 为例，因为要保证北美地区的恒定，所以它与 WGS84 之间的差异在不断变化；对于美国大部分地区来说，每年有 1～2 cm 的差异。

地理坐标系根据椭球体的几何中心与地球质心的位置，又分为地心坐标系和参心坐标系。地心坐标系是以地球质心为原点建立的空间直角坐标系，或以球心与地球质心重合的地球椭球面为基准面所建立的大地坐标系。参心坐标系是以参考椭球的几何中心为原点的大地坐标系。

WGS84 坐标系是一种常用地心坐标系。其地心空间直角坐标系的 Z 轴指向国际时间服务机构（BIH）1984.0 定义的协议地球极（CTP）方向，X 轴指向 BIH 1984.0 的零子午面和 CTP 赤道的交点，Y 轴与 Z 轴、X 轴垂直，构成右手坐标系。

我国地理坐标系前后使用过 3 个：北京 54 坐标系、西安 80 坐标系和 CGCS2000 坐标系。其中，前两个是参心坐标系，最后一个是地心坐标系。

5.2.4 投影坐标系

地图投影是将地球球面坐标转化为平面坐标的过程。投影所需要的必要条件有两个：第一，任何一种投影都必须基于一个椭球（地球椭球体）；第二，将球面坐标转换为平面坐标的过程（投影算法）。图 5-9 给出了 9 种投影方式示例。

从三维到二维的转化，必然会导致变形和失真。常见的失真主要有角度、面积、长度变形。因此，需根据不同用途选择合适的投影方式。

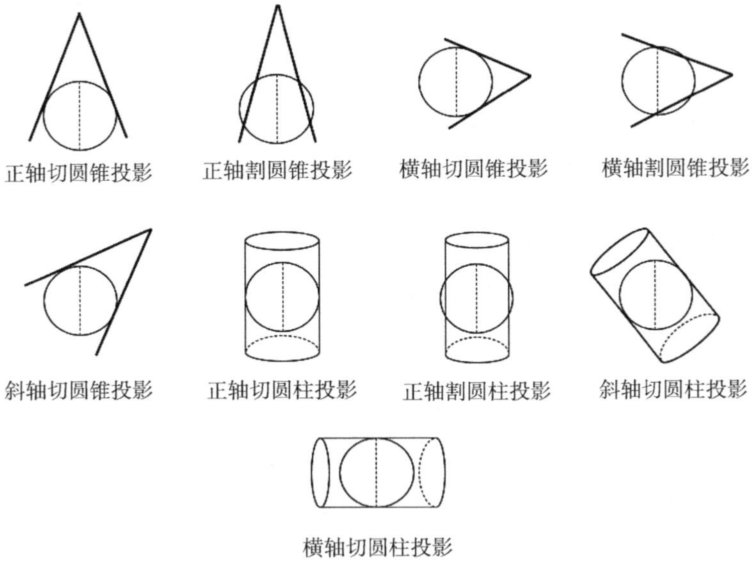

图 5－9　9 种投影方式示例

在进行地理信息系统研发时，常用的投影方式有高斯-克吕格投影（等角横切椭圆柱投影）、墨卡托投影（正轴等角圆柱投影）、UTM 投影（等角横轴割圆柱投影）、Web 墨卡托投影。

5.2.4.1　高斯-克吕格投影

高斯-克吕格投影由德国数学家、物理学家、天文学家高斯于 19 世纪 20 年代拟定，后经德国大地测量学家克吕格于 1912 年加以补充；该投影简称高斯投影，又名等角横切椭圆柱投影，是地球椭球面和平面间正形投影的一种。

按图 5－10 左图所示，假想有一个椭圆柱面横套在地球椭球体外面，并与某一条子午线（此子午线称为中央子午线或轴子午线）相切；椭圆柱的中心轴通过椭球体中心；然后，用一定投影方法，将中央子午线两侧在一定经差范围内的地区投影到椭圆柱面上；再将此柱面展开即成为投影面。得到的投影为高斯-克吕格投影，如图 5－10 右图所示。

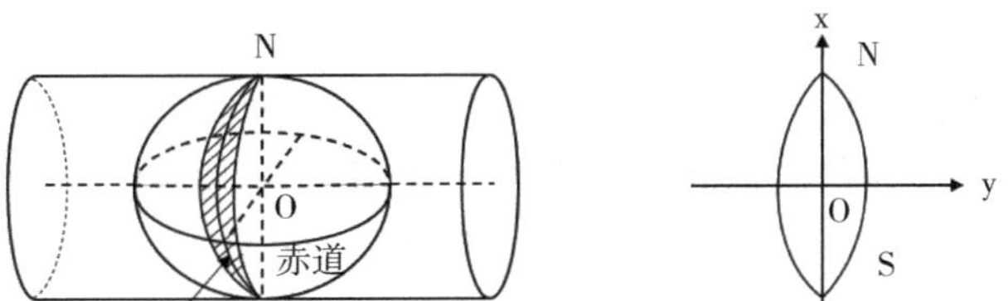

图 5－10　高斯-克吕格投影

高斯-克吕格投影常用 6 度带和 3 度带两种分带投影。

6 度带指自 0 子午线起每隔经差 6 度自西向东分带。带号用 N 表示，中央子午线的经度用 L_0表示，它们的关系在东半球是 $L_0=6N-3$，在西半球是 $L_0=360-(6N-3)$。

3 度带指自东经 1.5 度起每隔经差 3 度为一个带，将全球划分为 120 个带。3 度带下

带号 N 与中央子午线的经度 L_0 在东半球的关系为 $L_0=3N$，在西半球为 $L_0=360-3N$。

高斯-克吕格投影的变形分析：

①中央经线上无变形，满足投影后长度比不变的条件。

②除中央经线上长度比为 1 以外，其他任何点长度比均大于 1。

③在同一条纬线上，离中央经线越远，则变形越大；最大值位于投影带边缘。

④在同一条经线上，纬度越低，则变形越大；最大值位于赤道上。

⑤等角投影无角度变形，面积比为长度比的平方。

⑥长度比的等变形线平行于中央轴子午线。

5.2.4.2 墨卡托投影

墨卡托投影是正轴等角圆柱投影，由荷兰地图学家墨卡托（G. Mercator）于 1569 年创立。假想一个与地轴方向一致的圆柱切或割于地球，按等角条件，将经纬网投影到圆柱面上；而后，将圆柱面展为平面后，即得墨卡托投影。图 5－11 给出了墨卡托投影结果示例。墨卡托投影是最早也是最常用的切圆柱投影。

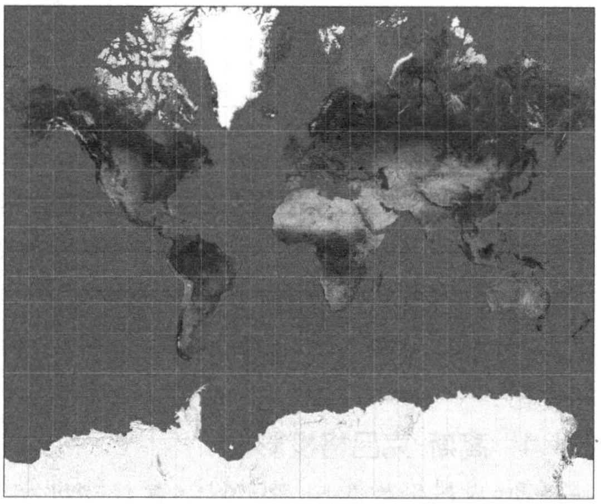

图 5－11　墨卡托投影结果示例

（1）墨卡托投影的优点　墨卡托投影没有角度变形；经纬线都是平行直线，且相交成直角；经线间隔相等，纬线间隔从基准纬线（一般是赤道）处向两极逐渐增大。基准纬线处无变形，从基准纬线处向两极变形逐渐增大；但因为它具有各个方向均等扩大的特性，保持了方向和相互位置关系的正确。因此，墨卡托投影地图常用作航海图和航空图。

（2）墨卡托投影的缺点　长度和面积变形明显，越靠近两极，变形越大。在墨卡托投影的地图上，变形最严重的就是格陵兰岛。地图上非洲的大小和格陵兰岛差不多大，但实际非洲面积约是 3 020 万 km^2，格陵兰岛面积仅是 217 万 km^2。

5.2.4.3 UTM 投影

UTM 投影全称是通用横轴墨卡托投影（UNIVERSAL TRANSVERSE MERCATOR PROJECTION），是一种等角横轴割圆柱投影。椭圆柱割地球于 80°S、84°N 两条等高圈。椭圆柱的中心线位于椭球体赤道面上，且通过椭球体质点，从而将椭球体上的点投影到椭圆柱上。两条割线圆在 UTM 投影图上长度无变化，即两条标准经线圆。两条割线圆的正中间为中央经线圆，中央经线投影后的长度为其投影前的 0.999 6 倍（比例因子，计算方式为投影后的长度除以投影前的实际长度）。

UTM 投影是为了战争需要而创建的，美国于 1948 年完成了这种通用投影系统的计算。与高斯-克吕格投影相似，该投影角度没有变形，中央经线为直线，且为投影的对称轴。中央经线的比例因子取 0.999 6，是为了在中央经线附近保持较高的精度；尤其是在距离中央经线左右约 180 km（即 3 度经度范围内）时，误差最小。

UTM 投影也采用分带方式。UTM 经度区范围为 1～60，每个区的跨度为 6°；经度区涵盖了地球中纬度范围从 80°S 到 84°N 的所有区域；一共有 20 个 UTM 纬度区，每个区的南北跨度为 8°，使用字母 C 到 X 标识（其中，没有字母 I 和 O）。A、B、Y、Z 区不在系统范围以内，它们覆盖了南极和北极区。

5.2.4.4 Web 墨卡托投影

Google 地图等网络地图使用的投影为 Web 墨卡托投影。该投影与墨卡托投影的主要区别是把地球模拟为球体而非椭球体；这个修改仅为了实现上的方便和计算上的简单，精度理论上差别在 0.33%以内。

Web 墨卡托投影坐标系以赤道作为标准纬线，本初子午线作为中央经线，两者交点为坐标原点；X 轴沿赤道方向，坐标值向东为正、向西为负；Y 轴沿本初子午线方向，坐标值向北为正、向南为负。

5.2.5 EPSG：4326 和 EPSG：3857

对于 Web map 开发人员来说，经常使用到 EPSG：4326 和 EPSG：3857 两个坐标系。

5.2.5.1 EPSG

欧洲石油调查组织（European Petroleum Survey Group，简称 EPSG）成立于 1986 年；虽然现在还在沿用 EPSG 这个名称，但实际上这个组织在 2005 年已经重组，现为 International Association of Oil & Gas Producers（简称 IOGP）。

EPSG 负责维护、发布全球坐标参照系统的数据集参数及坐标转换描述，并对全球收录到的坐标参照系统进行了编码。虽然 EPSG 不是一个强制的标准，但是因为有 ERSI、Google、Microsoft 和 W3C 等大型公司组织使用，使其具备了一定的权威性。因此，该数据集被广泛接受和使用，并通过一个 Web 发布平台进行分发。

5.2.5.2 EPSG：4326

EPSG：4326 是 EPSG 为 WGS84 地理坐标系统赋予的编码。其坐标值为经纬度形式，由于其误差较小，在 Web 地图应用中常用于计算距离和面积。

5.2.5.3 EPSG：3857

EPSG：3857 采用 Web 墨卡托投影，范围为纬度 85 度以下，由于 Google 地图最先使用而成为事实标准。该坐标系继承了墨卡托投影等正形性的特点，在不同层级的图层上物体的形状保持不变，以显示更清晰的细节。因此，该坐标系适合显示数据，不适合存储数据。至今，大多数互联网地图都使用 EPSG：3857。该投影是等角投影，适合地图定向及导航；但是纬度越高，面积变形越大。

Web 墨卡托投影由 Google 提出。由于其是一种伪墨卡托投影，最初被拒绝分配正式的 EPSG 代码，因此大家普遍使用 EPSG：900913（Google 的数字变形）这一非官方代码来代表它。直到 2008 年，才被分配了 EPSG：3785 的代码；但在同一年没过多久，又被弃用；而后，重新分配了 EPSG：3857 的正式代码，并沿用至今。

在进行 Web 地图开发时，地图显示通常采用 EPSG：3857 坐标系；而在进行计算时，需要转换到 EPSG：4326 坐标系，以保证计算精度。

5.3 Web 地图原理

5.3.1 瓦片地图

在地图瓦片技术使用之前，用户如果要使用在线地图，需要通过客户端把将要显示的地理范围传送到服务器端；而后，服务器端将地理范围内的地理数据都查询出来；然后，在服务端按照预先定义的专题地图的配置样式渲染成地图图片，再返回给客户端浏览。这就是地理信息联盟（OGC）标准的 Web Map Service（WMS）服务。

在 Web 时代，WMS 服务有几个缺点。由于用户浏览的地理范围具有不确定性，则获取范围内的数据是不确定的，有时候数据会很大，数据从服务端的数据库到客户端的过程中，服务器 IO 操作和网络传输就很耗时；服务端获取数据后会进行数据渲染出图，占用大量的 CPU 资源；用户频繁操作地图（如缩放、平移、切换图层等）可能导致服务端出图和传输给客户端的过程耗时过长。

为了解决上述问题，Google 地图率先提出了瓦片地图服务，预先在服务器端将地图数据分割成小块（即地图瓦片）；并提出了 Web 墨卡托投影，按照地图不同的显示级别，将地图切成了瓦片坐标下的图片。用户每次访问时候，将当前的地理范围映射为瓦片坐标下的图片索引（X，Y，Z），然后从后端通过索引请求这些图片，客户端拿到图片后按照顺序依次渲染图片即可，整个过程中用户体验有了明显的提升。很快瓦片地图服务就成为 WebGIS 工业标准。在该技术的推动下，OGC 也发布了基于 TMS 的 WMTS 服务规范，国内外很多地图厂商也基于该技术生产了自己的瓦片地图服务。

5.3.2 瓦片地图坐标系

在 Google 地图规范中，将 Web 墨卡托投影坐标系的左上角作为瓦片坐标系起点，X 轴与 85.05°N 重合且方向向右，Y 轴与 180°E 重合且方向向下。瓦片坐标最小等级为 0 级 (zoom)，此时平面地图是一个像素为 256 ×256 的瓦片。在某一瓦片层级下，瓦片坐标的 X 轴和 Y 轴各有 2^zoom 个瓦片（即每层瓦片总数量为 4^zoom 个）。在 Google 地图规范下，瓦片坐标和经纬度的转化采用式（5－2）进行。

$$
\begin{aligned}
x &= \left|\frac{lon+180}{360}\times 2^{z}\right| \\
y &= \left|\left(1-\frac{\ln\left(\tan\left(lat\times\frac{\pi}{180}\right)+\frac{1}{\cos\left(lat\times\frac{\pi}{180}\right)}\right)}{\pi}\right)2^{z-1}\right|
\end{aligned}
\tag{5-2}
$$

OGC 发布的 WMTS 规范，是目前应用十分广泛的一个 Web 瓦片地图规范。需要注意的是，它与开源空间信息基金会（OSGeo）发布的 Tile Map Service（TMS）规范在坐标设定上是不同的。TMS 规范将 Web 墨卡托投影地图的左下角作为瓦片坐标系起点，也就是坐标系原点为 180°E、85.05°S，X 轴向右，Y 轴向上，瓦片坐标最小等级也从 0 级开始；而 WMTS 是跟 Google 地图规范一致，以左上角作为起点。

目前，绝大多数地图接口符合 Google 地图或者 WMTS 规范，少部分有自定义的接口规范。Microsoft 的必应地图使用的编码规范，Z 的定义与 Google 地图相同；同一层级的瓦片不用 X、Y 两个维度表示，而只用一个整数表示，该整数服从四叉树编码规则。百度地图的 Z 从 1 开始，在最高级就把地图分为 4 块瓦片；X、Y 的原点在经纬度为 0 的位置，X 从左向右，Y 从下向上。

5.3.3　瓦片地图生成

瓦片地图采用金字塔模型结构，从瓦片金字塔的底层到顶层，分辨率越来越低，但表示的地理范围不变。

按图 5－12 所示，瓦片地图切割采用从下往上的方式，首先确定地图服务平台需要的最大缩放级别数 N，把缩放级别最低、地图比例尺最大的地图图片作为金字塔的底层，即第 0 层（注意跟瓦片地图的层级相反）。根据跨度确定当前级别下的像素个数并对其进行分块，从地图图片的左上角开始，从左到右、从上到下进行切割，分割成相同大小的正方形地图瓦片，形成第 0 层瓦片矩阵；在第 0 层地图图片的基础上，通过低通滤波和向下采样，生成第 1 层地图图片，并对其进行分块；依次迭代，直到生成所有 N 层数据。

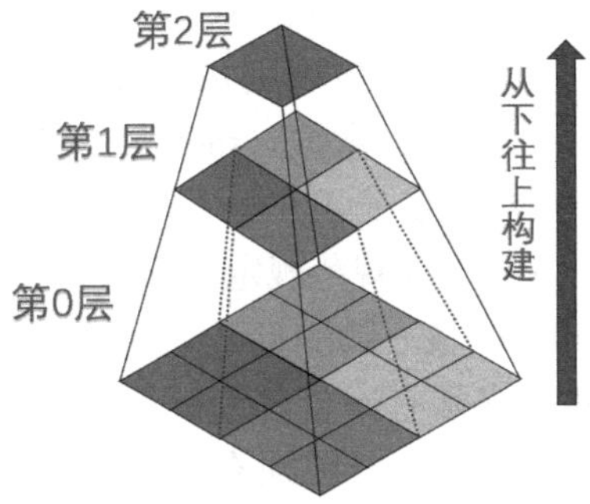

图 5－12　瓦片地图切割示例

无人机航测数据地面分辨率较高，可以达到 5 cm/pixel 以上，为了保证无人机数据显示的精度，需要采用较多的瓦片层数。四叉树形式的地图瓦片，每一层瓦片的地面分辨率（GSD）计算如式（5－3）。

$$GSD(n)=\frac{20037508.3427892}{256\times 2^{n-1}} \tag{5-3}$$

式中，n 为瓦片地图层级，从 0 开始计数。从式（5－3）可以计算出，要达到 5 cm/pixel 以上的地面分辨率，需要 $n\geqslant 22$；当 $n=22$ 时，GSD 为 3.73 cm。

5.4　基于 Tilemill 的数据发布

5.4.1　Tilemill 简介

Tilemill 是 Mapbox Studio 的前身，是一个用来设计地图的桌面应用；由 Mapbox 团队开发，代码开源。由于 Mapbox 团队转向开发新的 Mapbox Studio，因此 Tilemill 已经停止维护。但是，仍然可以从 Github 中下载源代码安装。

Tilemill 底层采用 Mapnik 作为瓦片生成工具，应用层使用 Nodejs 作为开发语言，因此能够实现跨平台运行。

在 Windows 系统下，Tilemill 可以直接从网络下载安装包安装。在 Linux 系统、MacOS 系统下，需要配置 github、nodejs 运行环境，官方建议 nodejs 采用 v8.15.0 版本。下载 Tilemill 源码后，安装并运行（Windows 系统下也可以通过相同方法运行），相关命令如下：

```
git clone https://github.com/tilemill-project/tilemill.git
```

```
cd tilemill
npm install
npm start
```

5.4.2 MBTiles 文件规范

使用 Tilemill 生成地图瓦片时，输出的文件后缀为 .mbtiles。MBTiles 文件并不是一种具有独立结构的新文件结构，而是 SQLite 数据库文件，可以使用 SQLite 管理工具打开。

MBTiles 是一个规范，用于在 SQLite 数据库中存储瓦片地图数据，以便及时使用和高效传输，当前最新版本是 1.3。它是一种紧凑的、限制性的规范，仅支持瓦片数据，包括矢量、栅格和规则格网瓦片。展示仅支持 Web 墨卡托投影，边界（bounds）和中心（center）等元数据（meta）仅支持经纬度坐标。一个 MBTiles 文件表示单个 Tileset（瓦片集合），多个 Tileset 可以由多个 MBTiles 文件表示。

MBTiles 规范规定，Tilesets 应当是有效的 SQLite3.0.0 及以上版本的数据库，仅使用 SQLite 的核心功能，不应使用扩展功能。Tilesets 表中 text 类型的列必须使用 UTF-8 编码。数据库必须有一个名为 metadata 的表或者视图，这个表或视图必须有 name 和 value 两列，且类型为 text。必须有一个名为 tiles 的表，该表必须有 3 个 integer 型的列，名字分别为 zoom _ level、tile _ column、tile _ row；必须有一个 blob 类型的列，名为 tile _ data。

图 5 - 13 给出了用 SQLiteStudio 打开 MBTiles 文件后看到的内部结构。

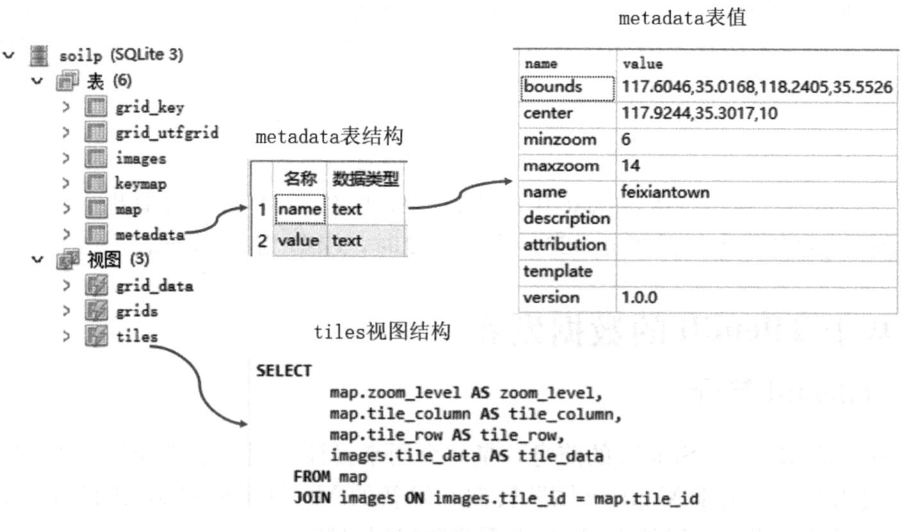

图 5 - 13　MBTiles 文件内部结构示例

5.4.3 瓦片服务引擎

Tilemill 生成的 mbtiles 格式的瓦片地图，需要通过瓦片服务引擎发布成 Web 服务，才能被其他应用调用。本节介绍 2 个开源引擎：TileStream 和 Mbtiles-Server。

5.4.3.1 TileStream

TileStream 是一个高性能地图瓦片服务引擎，使用 nodejs 编写。该引擎本身不能生产地图，而是对外服务由 Tilemill 产生的地图，如 mbtiles 形式的瓦片地图。它的功能主要包括 3 项：

①提供基于 Mbtiles 的瓦片服务。

②提供最小画廊视图（方便概览所有地图）和瓦片地图查看器。

③支持通过 Mapbox. js 与 mbtiles 交互。

TileStream 是 Mapbox 团队比较早期的一个项目，目前已经停止更新。它支持的 nodejs 版本非常旧，需要 v0. 10. x 或者 v0. 8. x 版本。其安装和运行比较简单，命令如下：

```
git clone https://github.com/mapbox/tilestream.git
cd tilestream
npm install
./index.js start--tilePort= [端口号] --tiles= [MBTiles 文件存放目录]
```

为了保证地图引擎的持续运行，一般通过 nodejs 的 forever 工具来启动服务；方法是在 tilestream 目录下，运行命令：

```
npm install-g forever
forever start index.js
```

5.4.3.2 Mbtiles-Server

Mbtiles-Server 是一个以 MBTiles 文件为源，提供兼容 WMTS 瓦片服务的引擎，使用 nodejs 编写，能够在 v10. x 等较高级版本 nodejs 环境下运行。其安装和运行命令如下：

```
npm install-g mbtiles-server
mbtiles-server--cache [MBTiles 文件存放目录] --verbose--port [端口号]
```

5.4.4 Tilemill 数据发布步骤

从软件操作角度，使用 Tilemill 将无人机航测生成的正射影像数据（DOM）发布成 Web 地图服务的整个过程，如下所示。

5.4.4.1 创建新工程

打开 Tilemill 软件，点击左上角【New project】，进入新建工程对话框，输入文件名，点击【Add】即可完成新工程创建（图 5－14）。

在默认情况下，新创建的工程会带有一个初始的世界地图；如果不需要，可以在创建时将【Default data】里的复选框去掉；一般情况下可以保留，以方便无人机飞行数据的大致定位。

5.4.4.2 添加无人机图层

打开第一步中创建的工程，点击右下角的图层按钮，打开图层页面；点击【＋ Add layer】添加无人机图层，在“Add layer”页面顶部选择【File】。

“ID”和“Class”根据需要来命名。Tilemill 采用 CartoCSS 作为地图元素样式描述语言，类似于网页开发中的 CSS 样式表。选择元素可以用 ID 或者 Class；不同点是，ID 选择唯一一个元素，Class 选择一系列属于同一类别的元素。

“Datasource”是数据源，在这里选择无人机 Dom 数据所在的路径，即 TIFF 文件所在路径。

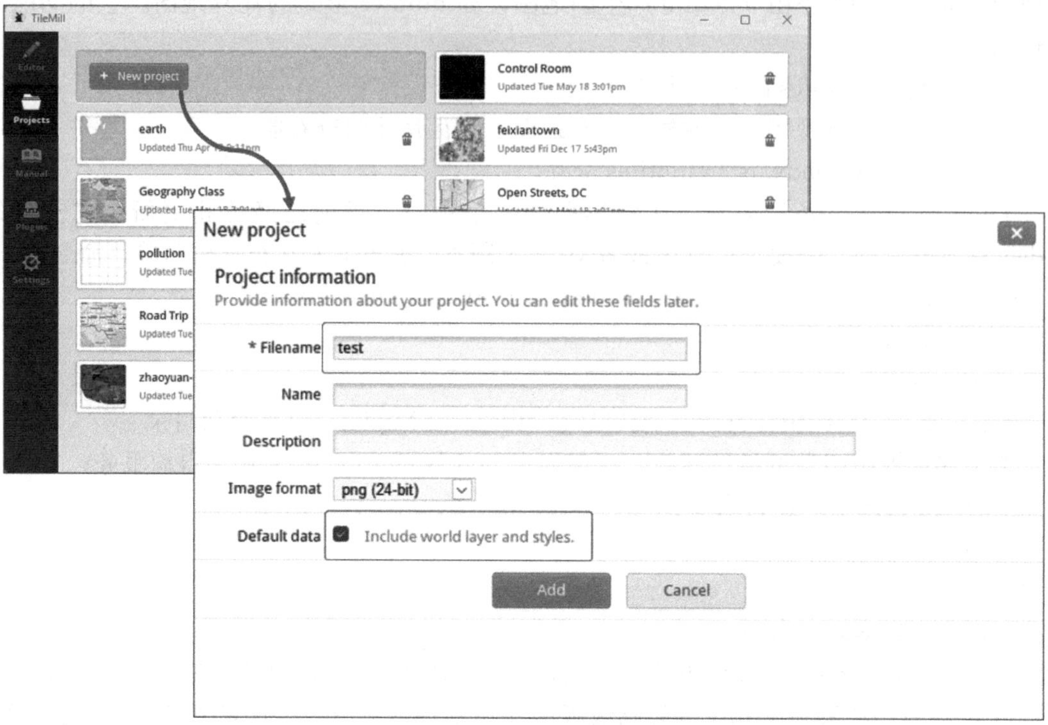

图 5-14 Tilemill 创建工程

"SRS"是 TIFF 文件所属坐标参考系的定义，有 4 个选项：Autodetect、900913、WGS84、custom。根据前面章节关于坐标的介绍，900913 就是 Web 墨卡托投影坐标系；WGS84 是地理坐标系；Autodetect 需要 Tilemill 自行探测坐标参考系；custom 是自己给出数据的坐标参考系，这里采用 PROJ.4 字符串形式进行坐标参考系描述。PROJ.4 是一个开源库，使用一种特定的字符串格式来描述坐标系和投影参数，常见的关键字有：

①+proj：指定投影类型。

②+lat_0：投影中心的纬度。

③+lon_0：投影中心的经度。

④+x_0：投影坐标系的假东坐标（通常用于平面坐标系统）。

⑤+y_0：投影坐标系的假北坐标。

⑥+k：缩放因子（适用于某些投影类型）。

⑦+a：地球椭球体的长半轴。

⑧+b：地球椭球体的短半轴。

⑨+datum：指定使用的基准面（datum）。

⑩+units：指定坐标单位（如米、度等）。

⑪+zone：UTM 分带带号。

"Advanced"可以指定一系列可以传给 mapnik 的参数。图 5-15 中的"nodata='0'"，表示将图片里黑色像素透明化。

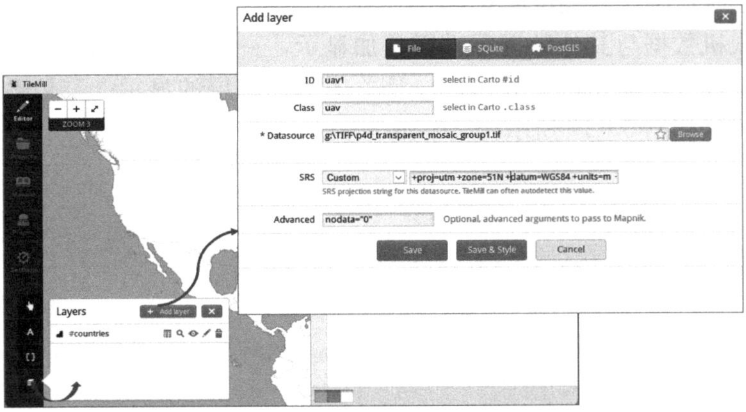

图 5-15　Tilemill 添加无人机图层

5.4.4.3　查看和编辑图层

完成第二步操作后，图层还无法显示，需要在 style.mss 中添加图层样式。图 5-16 中添加的图层样式为

```
.uav {
    raster-scaling:lanczos;
    raster-opacity:1;
}
```

上述样式将应用于所有 Class 名为 uav 的图层；如果需要专用于某个图层，使用“#+图层 ID”的形式，如#uav1。raster-scaling 用于指定图层进行放大或缩小显示时所用的图像采样算法，raster-opacity 表示图层的不透明度。注意需要点击软件右上角的【save】（或者使用快捷键 ctrl+s）才能保存样式表并更新显示。

点击图层显示框中每个图层后面的【Zoom to Extent】（放大器图标），可以将图层显示到屏幕中央，且自动放缩到一个最佳显示级别。

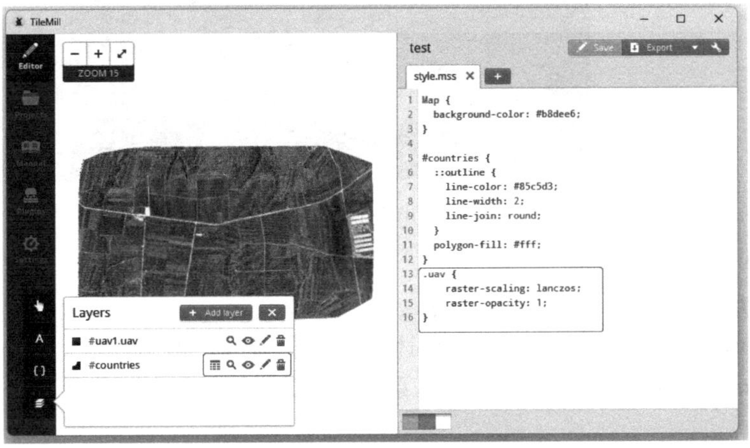

图 5-16　Tilemill 图层显示示例

5.4.4.4 生成 MBTiles 地图瓦片文件

为方便无人机数据与其他数据源进行叠加显示，一般需要得到背景透明的瓦片。为此，需要在生成瓦片之前做两个处理：一是关闭其他图层的显示；二是删除地图背景颜色。具体操作方法如图 5－17 所示。

图 5－17　关闭图层和删除地图背景颜色

通过点击软件右上角的【Export】，选择下拉菜单里的【MBTiles】，即进入输出瓦片地图页面，如图 5－18 所示，在页面右侧有输出配置面板，其各项意义如下：

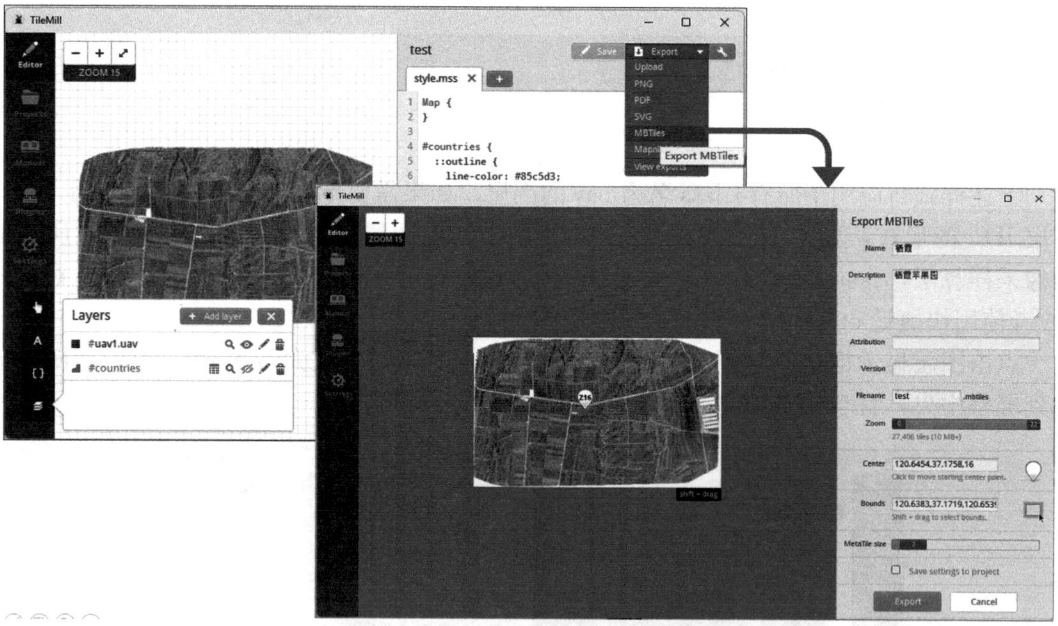

图 5－18　导出 MBTiles 瓦片地图

（1）Name　瓦片集名称。

（2）Description　瓦片集内容的描述。

（3）Attribution　HTML 字符串，描述数据源和（或）地图样式。

（4）Version　瓦片集的版本。注意不是指 MBTiles 规范版本，是瓦片集本身的修订版本。

（5）Filename　输出 MBTiles 文件的名称。如果在 tilemill 输出目录里存在同名文件，那么程序会自动在 Filename 后面添加附加字符生成一个新的 MBTiles 文件名。

(6) Zoom 设定生成瓦片的级别范围。最大级别越接近22，则生成的瓦片数量越多；最终的MBTiles文件越大，则生成瓦片的时间也越长。

(7) Center 设定地图第一次加载时中心所在坐标和显示级别，可以直接输入，也可以通过在左侧地图上点击鼠标左键设置。注意经度在前，纬度在后，最后是级别，用半角逗号连接，如“112.3，37.7，16”。

(8) Bounds 设定地图输出的范围。默认情况下输出范围是整个世界的地图。范围可以直接输入；也可以通过按下键盘shift键和鼠标左键，拖动鼠标画定。将鼠标悬停在区域的4个边界，会出现调整箭头；这时按下鼠标左键同时拖拽鼠标，即可进行边界微调。边界坐标是4个浮点型值，顺序为左下角经度、左下角纬度、右上角经度、右上角纬度，用半角逗号连接。

(9) MetaTile size Tilemill在生成瓦片时，一次批量生成一组图像，然后再分成独立的瓦片，这样可以提高各种性能。默认情况下是一次生成2×2＝4张图片，即MetaTile size为2。增大MetaTile size会带来2个优势：减少输出时间和减少瓦片边缘的渲染问题。

除MetaTile size以外，其他项都会写入最终生成的MBTiles文件，显示在metadata表中。

完成输出配置之后，点击【Export】，Tilemill将自动进行剩余工作，可以通过点击【Export】出现的下拉菜单中的【View exports】查看导出进度，如图5－19所示。

图5－19 Tilemill查看导出进度

5.4.4.5 将MBTiles文件拷贝到瓦片地图引擎地图源目录

将生成的MBTiles文件拷贝到tilestream或者MBTiles-server的地图源目录，即可通过url访问瓦片地图。效果如图5－20所示，其中命令行窗口显示了瓦片请求记录。

图 5 - 20　MBTiles-server 运行记录及调用效果

5.5　基于 GeoServer 的数据发布

5.5.1　GeoServer 简介

GeoServer 是一个开源的地理空间数据服务器，是 OpenGIS Web 服务器规范的 J2EE 实现；支持多种数据格式，如 Shapefile、PostGIS 和 GeoTIFF 等。用户通过 GeoServer，可以方便地处理、编辑和共享地理空间数据，并生成符合 WMTS、WFS、WCS、WMS 等标准的地图服务。

GeoServer 技术栈的核心是 GeoTools。GeoTools 是一个开源的 Java 库，提供了与多种地理数据格式（如 Shapefile、PostGIS、GeoTIFF）交互的能力，并支持 OGC 标准（如 WMS、WFS 和 WCS）。

5.5.2　GeoServer 功能

GeoServer 与地图发布相关的功能主要包括四大模块：数据模块、服务模块、设置模块、Tile 缓存模块。

5.5.2.1　数据模块

数据模块是 GeoServer 核心功能之一，涉及如何管理、存储、访问和共享地理数据，主要功能包括图层预览、工作空间、存储仓库、图层、图层组和样式。

(1) 图层预览　图层预览界面如图 5 - 21 所示，提供了对已知所有图层的预览功能。常用预览格式包括 OpenLayers、GML、KML 等，可以在“所有格式”中选择预览格式。

(2) 工作空间　工作空间界面如图 5 - 22 所示。工作空间是一个逻辑分组，用于组织和管理图层、样式、存储仓库。每个工作空间可以看作是一个独立的项目或主题，便于不

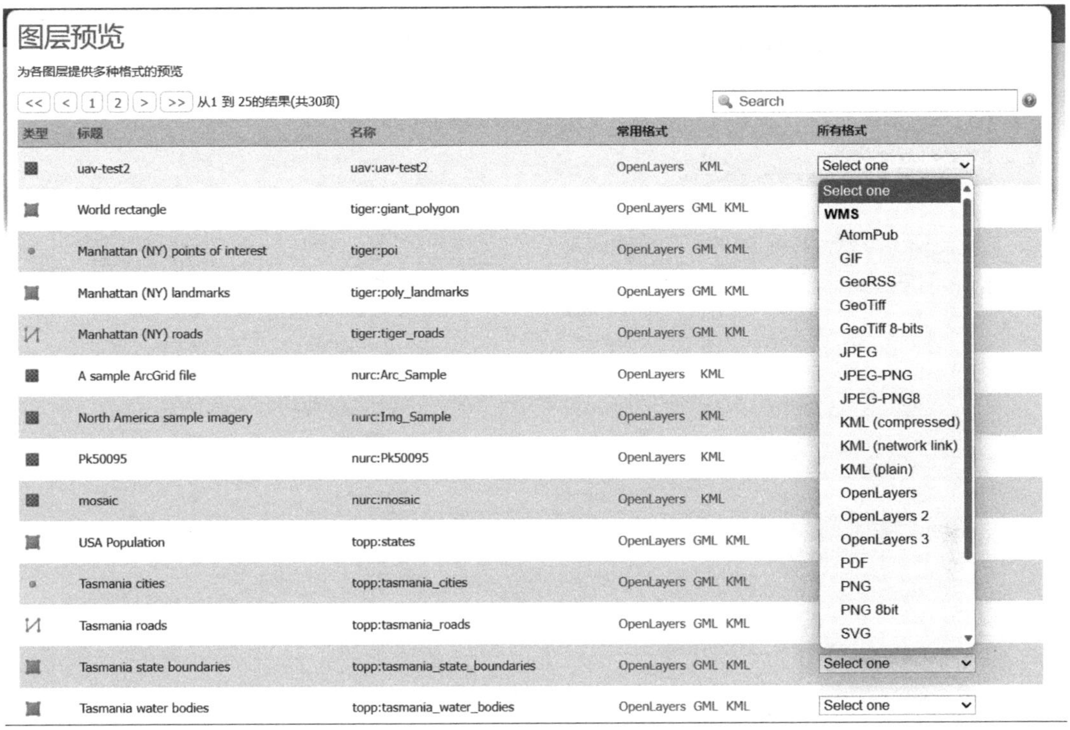

图 5-21 图层预览界面

同用户或团队进行管理和访问。工作空间对于组织图层非常有用，可以将多个图层关联到一个工作空间，在不同的工作空间中可以存在同名图层。

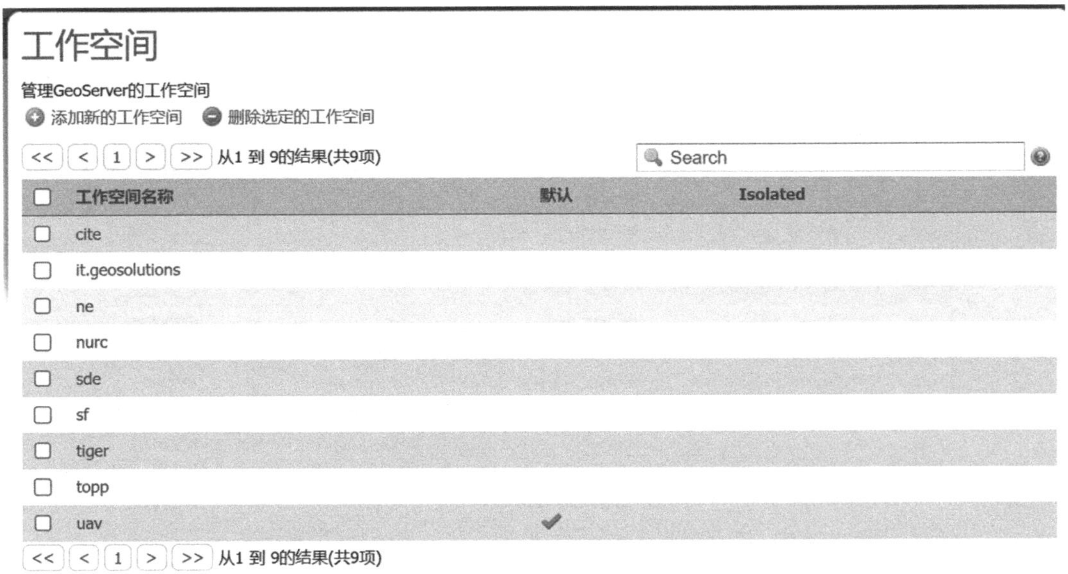

图 5-22 工作空间界面

(3) 存储仓库 存储仓库界面如图 5-23 所示。存储仓库是用来存储地理数据的地方，可以连接到多种类型的数据（如 PostGIS、Shapefile、GeoTIFF 等）。通过存储仓库，GeoServer 可以访问和管理这些数据，以供后续的图层发布使用。

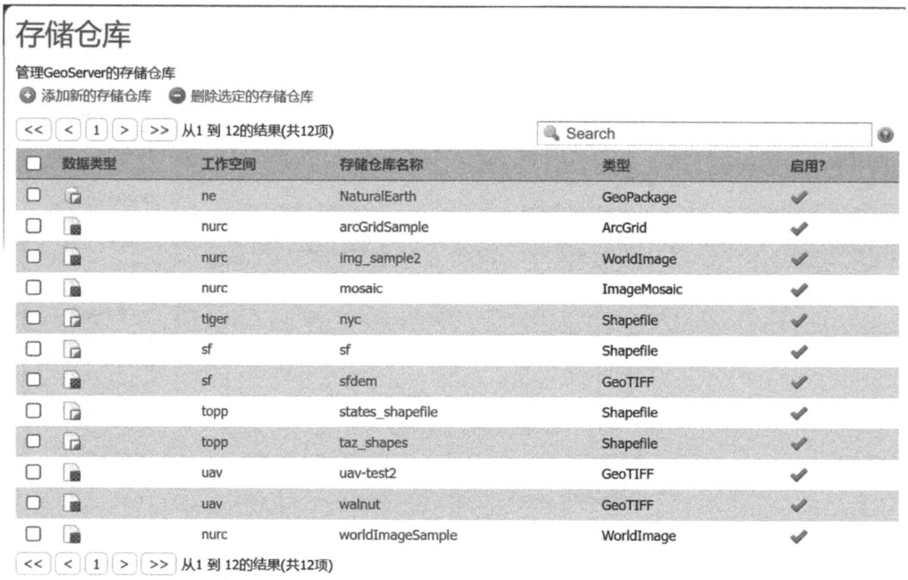

存储仓库

管理GeoServer的存储仓库

添加新的存储仓库　删除选定的存储仓库

<< < 1 > >> 从1 到 12的结果(共12项)　Search

数据类型	工作空间	存储仓库名称	类型	启用?
	ne	NaturalEarth	GeoPackage	✔
	nurc	arcGridSample	ArcGrid	✔
	nurc	img_sample2	WorldImage	✔
	nurc	mosaic	ImageMosaic	✔
	tiger	nyc	Shapefile	✔
	sf	sf	Shapefile	✔
	sf	sfdem	GeoTIFF	✔
	topp	states_shapefile	Shapefile	✔
	topp	taz_shapes	Shapefile	✔
	uav	uav-test2	GeoTIFF	✔
	uav	walnut	GeoTIFF	✔
	nurc	worldImageSample	WorldImage	✔

<< < 1 > >> 从1 到 12的结果(共12项)

图 5－23　存储仓库界面

（4）图层　图层界面如图 5－24 所示。图层代表了一种地理数据的可视化表现。图层从存储仓库中提取数据，并以地图的形式呈现给用户。图层可以是点、线或面等不同的几何类型。

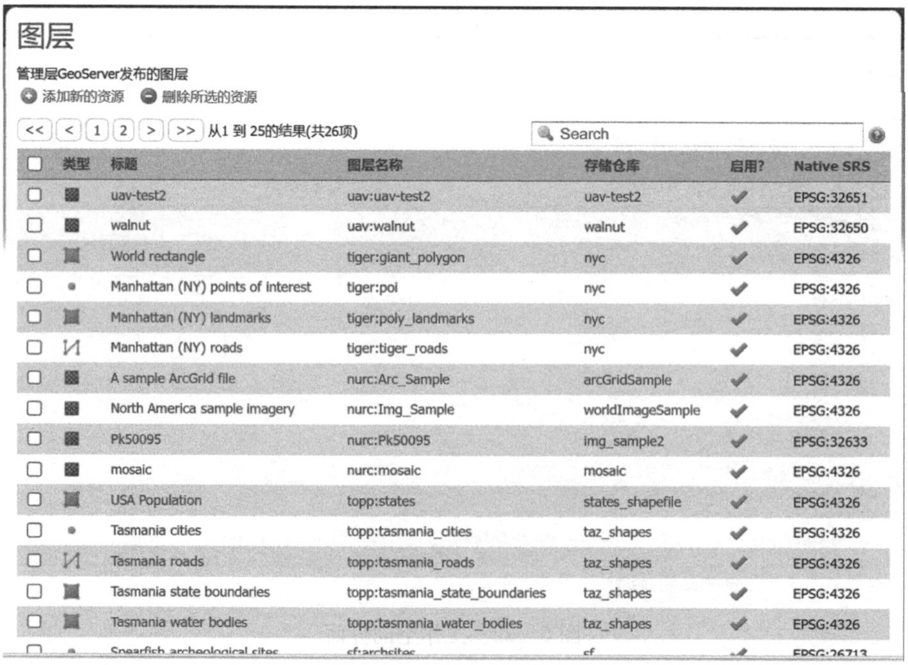

图层

管理层GeoServer发布的图层

添加新的资源　删除所选的资源

<< < 1 2 > >> 从1 到 25的结果(共26项)　Search

类型	标题	图层名称	存储仓库	启用?	Native SRS
	uav-test2	uav:uav-test2	uav-test2	✔	EPSG:32651
	walnut	uav:walnut	walnut	✔	EPSG:32650
	World rectangle	tiger:giant_polygon	nyc	✔	EPSG:4326
	Manhattan (NY) points of interest	tiger:poi	nyc	✔	EPSG:4326
	Manhattan (NY) landmarks	tiger:poly_landmarks	nyc	✔	EPSG:4326
	Manhattan (NY) roads	tiger:tiger_roads	nyc	✔	EPSG:4326
	A sample ArcGrid file	nurc:Arc_Sample	arcGridSample	✔	EPSG:4326
	North America sample imagery	nurc:Img_Sample	worldImageSample	✔	EPSG:4326
	Pk50095	nurc:Pk50095	img_sample2	✔	EPSG:32633
	mosaic	nurc:mosaic	mosaic	✔	EPSG:4326
	USA Population	topp:states	states_shapefile	✔	EPSG:4326
	Tasmania cities	topp:tasmania_cities	taz_shapes	✔	EPSG:4326
	Tasmania roads	topp:tasmania_roads	taz_shapes	✔	EPSG:4326
	Tasmania state boundaries	topp:tasmania_state_boundaries	taz_shapes	✔	EPSG:4326
	Tasmania water bodies	topp:tasmania_water_bodies	taz_shapes	✔	EPSG:4326
	Spearfish archeological sites	sf:archsites	sf	✔	EPSG:26713

图 5－24　图层页面

（5）图层组　图层组界面如图 5－25 所示。图层组是用于将多个图层组合在一起的机制。通过图层组，用户可以一次性加载多个图层，这对于创建复杂的地图视图非常有用。图层组可以设置图层的可见性、样式和顺序。

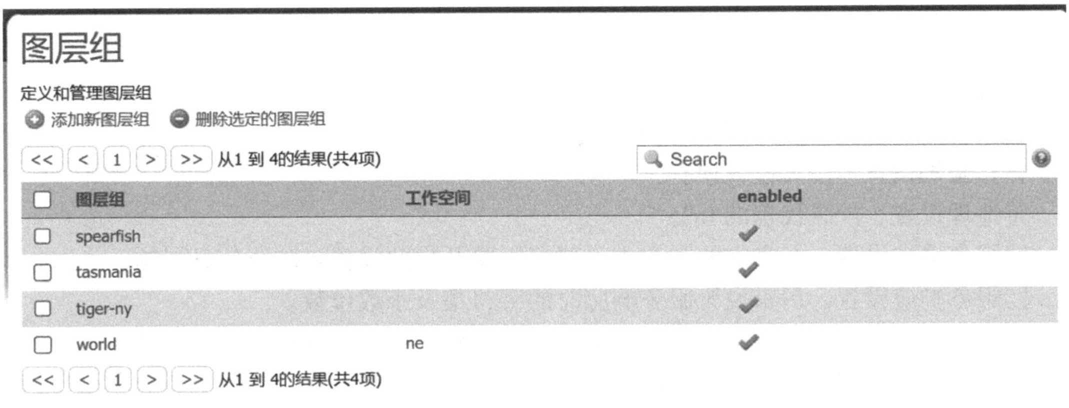

图 5－25　图层组页面

（6）样式　样式界面如图 5－26 所示。样式定义了图层的可视化表现，包括颜色、图案、线型等。GeoServer 使用 Styled Layer Descriptor（SLD）来描述样式。样式可以被应用到单个图层或图层组，以控制地图的外观。

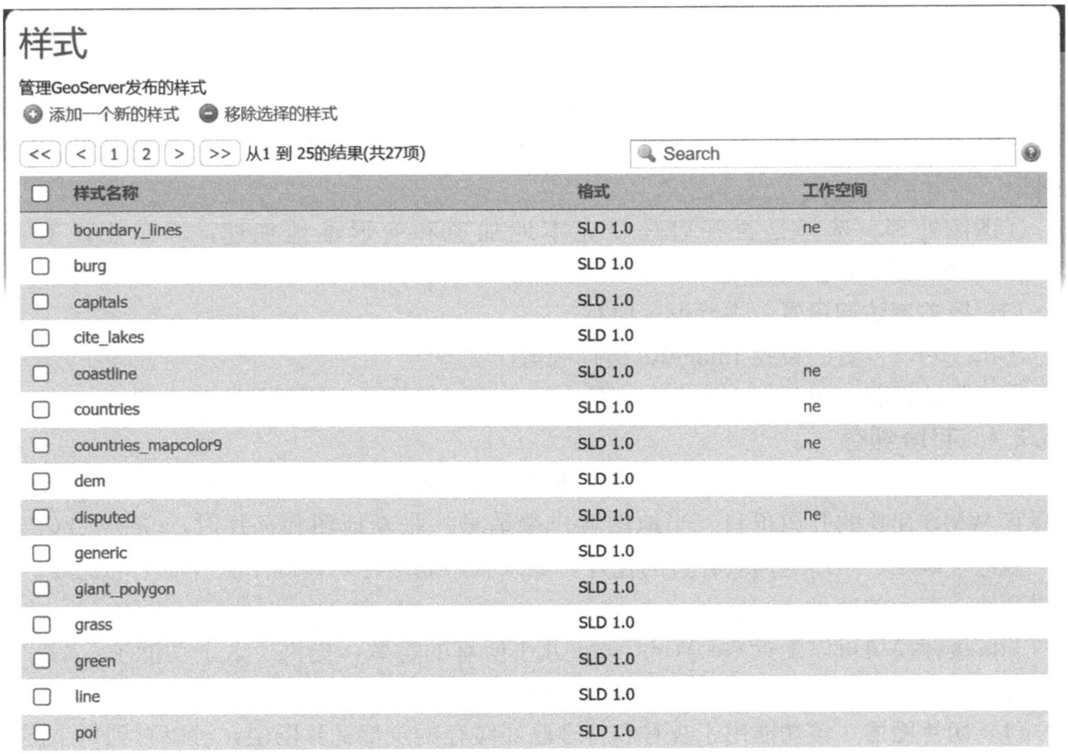

图 5－26　样式界面

5.5.2.2 服务模块

服务模块允许用户配置和管理不同类型的服务，以便有效地发布和访问地理数据，有4个管理入口：WMTS、WCS、WFS和WMS。通过服务模块可以打开服务和关闭服务，以及修改服务参数。

5.5.2.3 设置模块

设置模块可设置一些配置参数。这些参数涵盖了常规GeoServer行为，包括3类：全局设置、图像处理设置、覆盖率访问设置。

(1) 全局设置 主要设置项有：

①地理设置。配置代理的url。

②服务请求设置。在官方的介绍中，建议不要开启此设置，防止信息泄露。

③服务响应设置。用来设置服务响应时的字符集及小数位数。

④服务错误设置。设置服务器发生错误时的动作，有2个选项：一个为“跳过配置错误的图层”，另一个为“返回服务异常文档”。

⑤日志设置。配置日志的位置和详细程度。

⑥其他设置。主要是设置REST接口。

(2) 图像处理设置 主要设置项有：

①ImageIO设置。设置内存容量（默认值50%）和内存阈值（默认值75%），内存容量是指处理图像时可以利用的最大内存量。内存阈值是指决定何时释放内存或使用其他内存策略时的一个界限。

②线程池设置。包括切片线程数和线程优先级两个设置项。

③图像编码。可选择PNG编码器（可选Java自带编码器和PNGJ基础编码器）以及是否开启JPEG本地加速。默认采用PNGJ基础编码器（也是推荐项）并开启JPEG本地加速。

④图像处理。选择是否开启马赛克本地加速和变形本地加速，以及JAI（Java Advanced Imaging）扩展功能。

(3) 覆盖率访问设置 主要设置项有：

①ImageIO设置。设置ImageIO缓存阈值。

②线程池设置。包括核心池大小、最大池大小、保持活动时间及队列类型。

5.5.2.4 Tile缓存

GeoServer内嵌了GeoWebCache缓存服务。GeoWebCache是一个采用Java实现的用于缓存WMS瓦片的开源项目。当地图客户端请求一张新地图和瓦片时，GeoWebCache将拦截这些调用，然后返回缓存过的瓦片；如果找不到缓存，再调用服务器上的瓦片，从而提高地图展示的速度。

Tile缓存模块可以配置GeoWebCache几乎所有的参数，提供了5个功能项：切片图层、缓存默认值、网格集、磁盘配额和BlobStore。

(1) 切片图层 该功能用于查看和管理已经缓存的全部瓦片图层，可以看到每个图层的名称、状态和缓存信息。通过点击每个缓存记录后面的【Seed/Truncate】，可以实现预生成当前图层的瓦片或删除当前图层指定范围的缓存瓦片；点击【empty】是删除当前图层的所有缓存瓦片。

(2) 缓存默认值 该功能用于配置 GeoServer 中的瓦片缓存功能，配置分为 2 个部分：提供的服务和 GeoServer 图层的默认缓存选项。

“提供的服务”用于打开和关闭不同的 GeoWebCache 缓存服务，界面及配置项如图 5－27所示。

图 5－27 “提供的服务”界面及配置项

①实现与 GeoServer WMS 直接集成。默认关闭。当勾选后，使用 GeoServer WMS 链接形式（http://GEOSERVER _ URL/wms? ...）访问地图时，会自动生成缓存图片。如果打开此服务，那么官方建议同时打开并设置【磁盘配额】，以避免存储瓦片的无限增长。

②明确要求 TILED 参数。默认打开。本配置与“实现与 GeoServer WMS 直接集成”结合使用。在直接集成服务打开时，如果勾选了该选项，则链接里必须带有“tiled＝true”参数才会生成缓存（如 http://GEOSERVER _ URL/wms? tiled＝true&...）；如果不带该参数，则不会生成缓存；如果未勾选该选项，则所有请求都会生成缓存。

③启用 WMS-C 服务。默认打开。本配置会启用 GeoWebCache 的 WMS 服务，即可用“http://GEOSERVER _ URL/gwc/service/wms? SERVICE＝WMS&VERSION＝1.1.1&TILED＝true&...”形式链接访问地图并生成缓存。

④启用 TMS 服务。默认打开。本配置会启用 GeoWebCache 的 TMS 服务，即可用“http://GEOSERVER _ URL/gwc/service/tms/1.0.0”形式链接访问地图并生成缓存。

⑤启用 Data 服务。默认关闭。当打开时，GeoServer 在调用 GeoWebCache 之前会进行数据安全检查，即验证用户是否真的有权访问该图层；如果没有，则拒绝该请求。

“GeoServer 图层的默认缓存选项”用于设置多种缓存默认值和全局选项，界面及配置项如图 5－28 所示。

①为每个新图层或图层组自动配置一个 GeoWebCache 图层。默认勾选。勾选后，在新图层或图层组发布时，会同步产生一个 GeoWebCache 层，即在切片图层列表里自动生成一个新条目。

②Tile 锁定机制。选择多进程协同工作时所用的锁定方式。

③自动缓存非默认样式。默认勾选。勾选后，表示特定图层的所有请求，即使是使用非标准样式的请求，都会被缓存。在磁盘空间紧张或仅一个默认样式很重要的情况下，禁

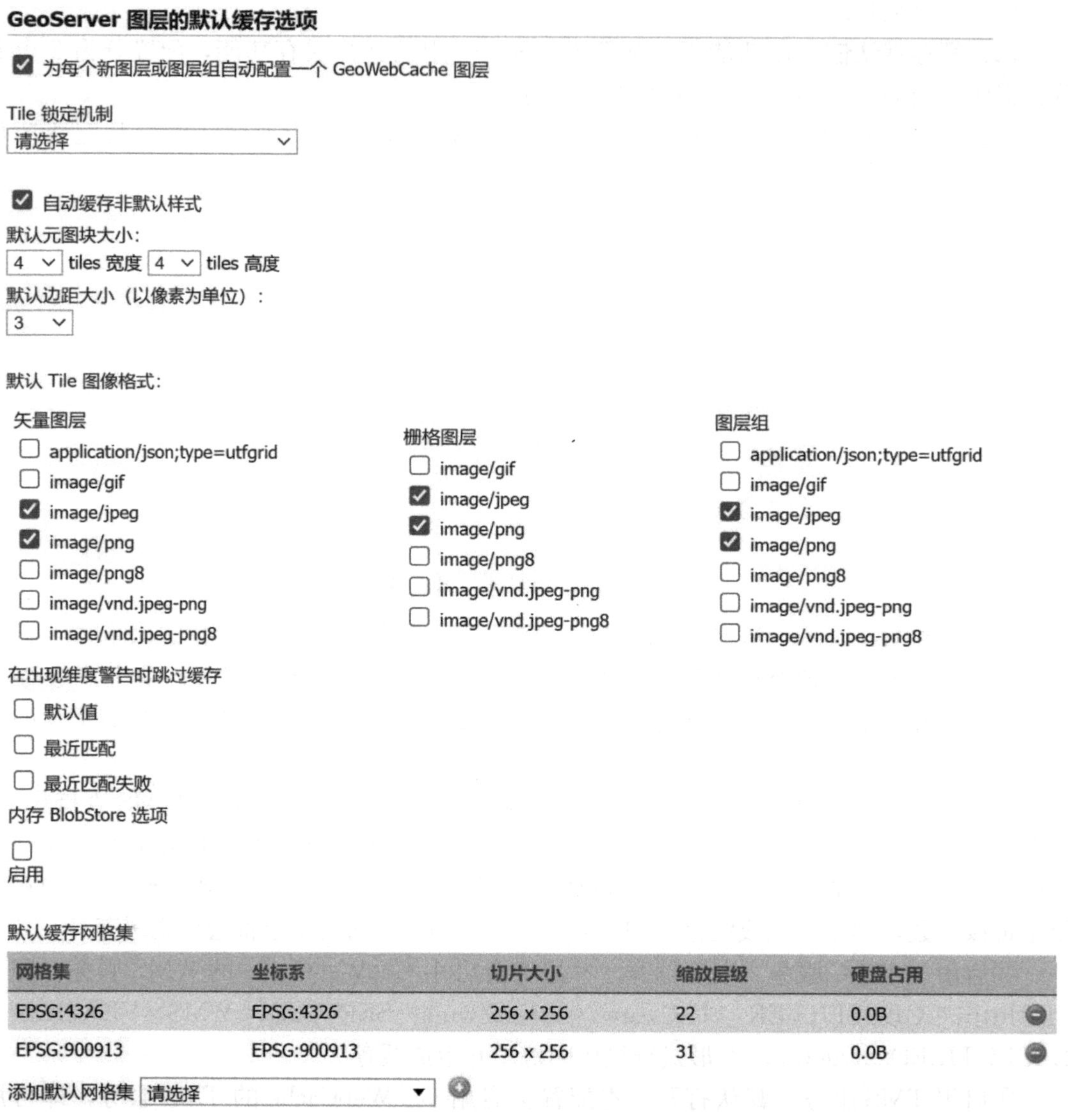

图 5－28　“GeoServer 图层的默认缓存选项”界面及配置项

用此选项会很有用。

④默认元图块大小。用于设定元瓦片大小，默认元瓦片宽度和高度均是 4 个瓦片大小。元瓦片是将多个瓦片组合成一个更大的瓦片。生成瓦片时，先生成元瓦片，再细分为标准瓦片进行服务和缓存；使用元瓦片可以减少生成瓦片缓存的处理时间并减少边缘问题。较大的元图块可以减少生成缓存的时间，但可能会增加内存消耗。

⑤默认边距大小。默认的边距大小（也称为元瓦片的边距或填充边距）的作用是控制瓦片与其邻近瓦片之间的重叠区域，以确保在渲染时不会出现图像截断或间隙问题；默认值为 0，表示瓦片之间不存在重叠区域。

⑥默认 Tile 图像格式。选择不同图层的瓦片图片格式。

⑦在出现维度警告时跳过缓存。“默认值”表示即使在发生维度警告的情况下也尝试生成缓存；“最近匹配”表示如果请求的维度与缓存中可用的维度不完全匹配，选择最近的可用维度进行处理；“最近匹配失败”表示如果没有找到任何可用的维度满足请求，则返回失败结果。

⑧内存 BlobStore 选项。勾选“启用”后会显示内存缓存配置项。

⑨默认缓存网格集。选择用于缓存图层的网格集，默认有 EPSG：4326 和 EPSG：900913，可以通过下拉框添加其他网格集。

（3）网格集　用于查看和管理网格集。在 GeoServer 中，网格集（GridSets）是一种用于定义瓦片地图的空间参考和瓦片划分方式的配置；确定了如何将地理数据切割成一系列瓦片，以便于高效地存储和访问。

（4）磁盘配额　磁盘配额用于管理缓存瓦片的磁盘使用情况，配置项如图 5－29 所示。在默认情况下，缓存瓦片的磁盘使用是无限制的，可以通过勾选“启用磁盘配额”设置磁盘限制。

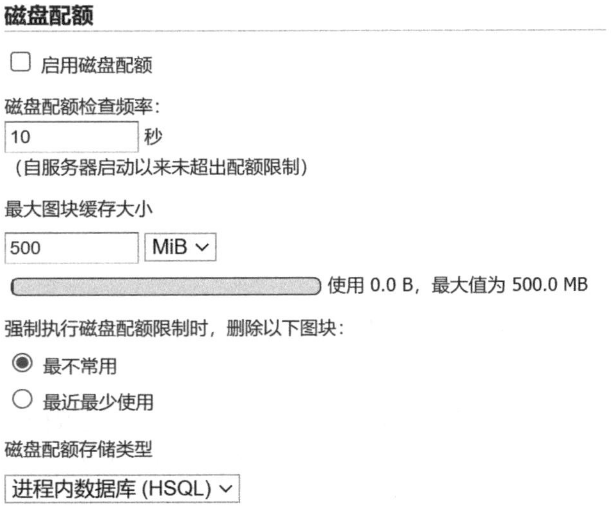

图 5－29　磁盘配额配置项

①磁盘配额检查频率。确定缓存检查超额使用的频率，较小的值（更频繁的检查）会增加磁盘活动，而较大的值（较少的检查）可能导致磁盘配额暂时超出限制，默认值为 10 s。

②最大图块缓存大小。缓存的最大大小。当检查出磁盘使用量超过此值时，将根据策略移除瓦片。

③强制执行磁盘配额限制时，删除以下图块。设置瓦片移除策略，有“最不常用”和“最近最少使用”两种。

④磁盘配额存储类型。磁盘配额存储类型分为进程内数据库和外部数据库，默认使用进程内数据库。如果使用其他外部数据库，需要配置数据库 JDBC 链接和用户名、密码等参数。

（5）BlobStore　用于创建和管理不同的缓存存储目录，以便为不同的图层选择不同的存储目录。

5.5.3 GeoServer 数据发布步骤

使用 GeoServer 发布无人机航测生成的正射影像数据（DOM），主要流程包括创建工作空间、创建存储仓库、创建图层、预生成瓦片缓存等。

5.5.3.1 创建工作空间

点击工作空间页面左上角的【添加新的工作空间】，进入创建新工作空间基本信息页面，如图 5－30 所示。在“Basic Info”选项页填写“Name”和“命名空间 URI”。“Name”是工作空间名，不能重复；“命名空间 URI”是工作空间的一个唯一标识，不一定是一个实际存在的 URI，但不能重复。在“Security”选项页配置工作空间对不同角色开放的权限，如图 5－31 所示。最后点击【保存】即可生成新的工作空间。

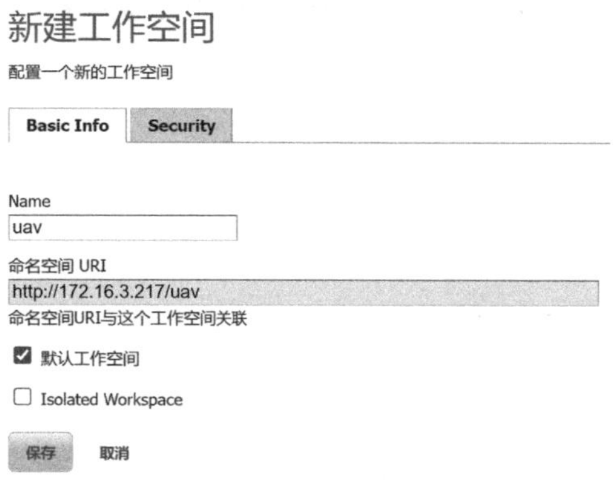

图 5－30 创建新工作空间基本信息页面

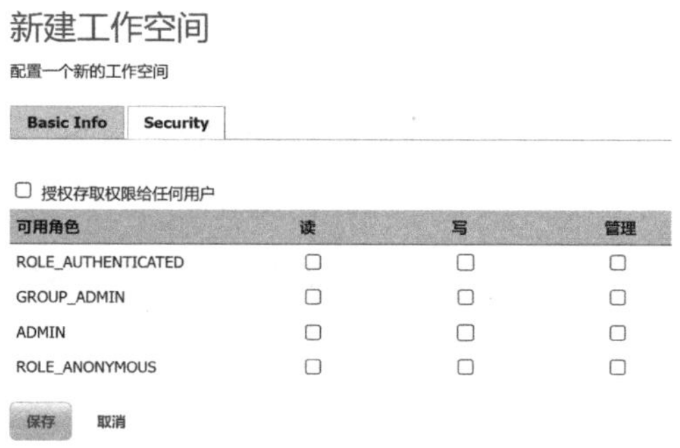

图 5－31 配置工作空间对不同角色开放的权限页面

5.5.3.2 创建存储仓库

点击存储仓库页面左上角的【添加新的存储仓库】，进入新建数据源页面。因为处理后的无人机正射影像是 GeoTIFF 格式，所以选择“栅格数据源”中的“GeoTIFF”，如图 5－32 所示。随后进入“添加栅格数据源”页面，如图 5－33 所示。在“添加栅格数据源”页面中，选择所属的工作空间，填写数据源名称（在工作空间内必须唯一，不同工作空间之间可以有重名），指定连接参数（即数据源位置），点击【保存】即可创建新存储仓库。

5.5.3.3 创建图层

创建新的存储仓库后，会自动转到新建图层页面，如图 5－34 中（a）图所示；点击【发布】进入编辑图层页面，如图 5－35 所示。编辑图层页面有 5 个选项页：数据、发布、维度、图块缓存、安全。大部分配置项可以保持不动，但因为大部分地图框架默认瓦片大小是 256×256，所以将【数据】选项卡下面【覆盖参数】中的【Suggested Tile Size】修改为“256，256”；同时，为保证其他系统能够方便地调用创建的图层数据，修改【安全】选项卡，给匿名用户赋予读权限。

如果需要将已经创建的存储仓库发布成新的图层，需要通过图层页面左上角的【添加新的资源】，打开新建图层页面；通过下拉框选择目标存储仓库，点击【再次发布】发布成新图层，如图 5－34 中（b）图所示。

图 5 - 32　存储仓库支持的数据源类型

图 5 - 33　添加栅格数据源页面

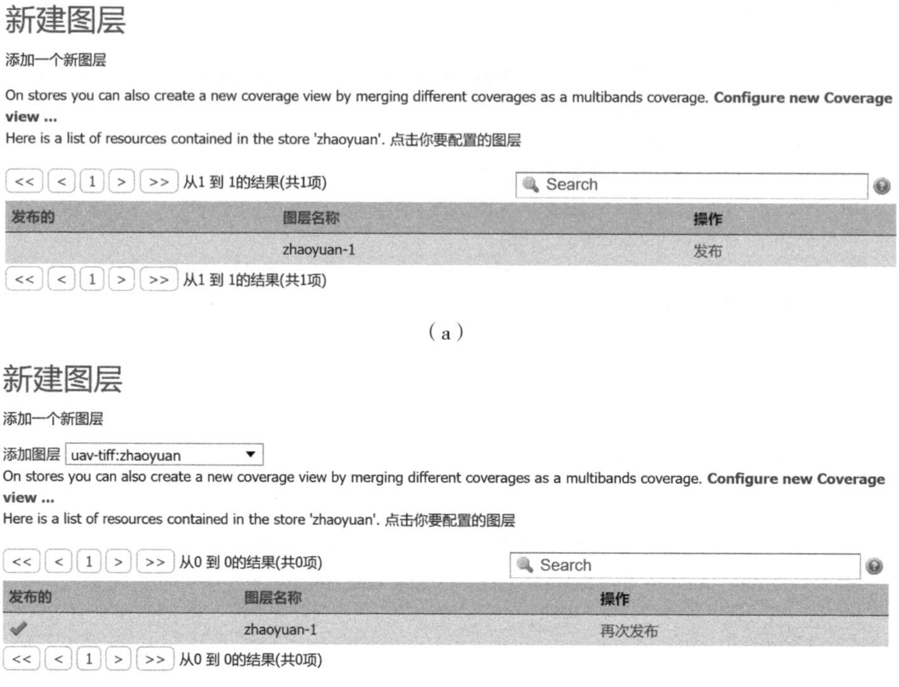

（b）

图 5 - 34　新建图层页面

（a）创建新的存储仓库后自动新建图层　（b）从已创建存储仓库新建图层

（a）　（b）

图 5 - 35　编辑图层页面

（a）编辑图层主页面　（b）“覆盖参数”配置项

5.5.3.4　预生成瓦片缓存

在 Tile 缓存配置中，默认打开了“为每个新图层或图层组自动配置一个 GeoWebCache 图层”功能。因此，在创建图层后，默认在切片图层页面产生了缓存图层。通过搜索可以快速找到刚生成的图层，如图 5 - 36 所示；点击【Seed/Truncate】，即可进入缓存预生成页面。

缓存预生成页面的主要功能是创建新的缓存生成任务，相关配置项如图 5 - 37 所示。

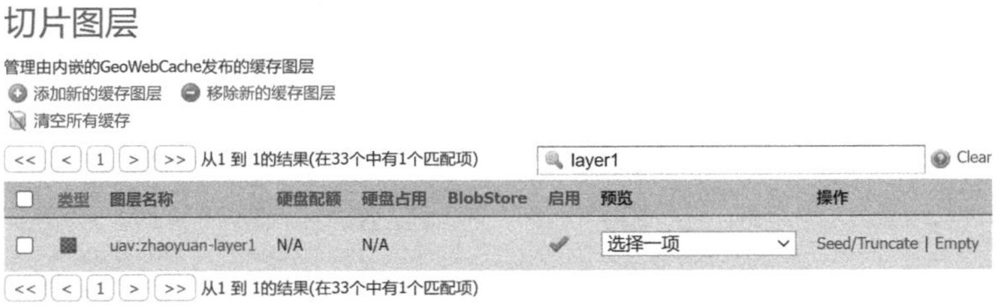

图 5 - 36 切片图层页面

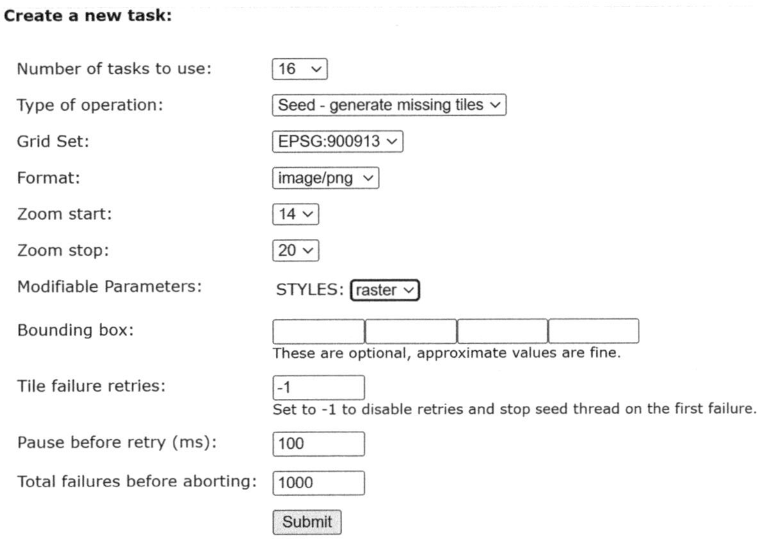

图 5 - 37 缓存预生成页面相关配置项

（1）**Number of tasks to use** 生成缓存时使用的并行任务数，可以根据 CPU 性能设置适当值，以提高处理速度。

（2）**Type of operation** 选择要执行的操作。其中，有 3 种操作：Reseed 是重新产生所有瓦片，Seed 是仅产生缺失的瓦片，Truncate 是删除瓦片缓存。

（3）**Grid Set** 选择网格集。

（4）**Format** 选择瓦片图像格式。

（5）**Zoom start** 生成缓存瓦片的最小地图层级。

（6）**Zoom stop** 生成缓存瓦片的最大地图层级。

（7）**Modifiable Parameters** 可修改的参数，如样式。

（8）**Bounding box** 生成缓存瓦片的范围，可不指定。

（9）**Tile failure retries** 出错后的重试次数。其中，－1 表示不重试，一旦出错就结束线程。

（10）**Pause before retry**（ms） 出错重试前的等待时间。

（11）**Total failures before aborting** 最大可允许的总出错次数。

点击【Submit】后，提交缓存生成任务，进入任务监控页面，如图 5 - 38 所示；可以看到每个任务的执行情况，点击【Refresh list】刷新监控数据。生成的瓦片存放于geosever安装时指定的数据目录下的gwc目录下。

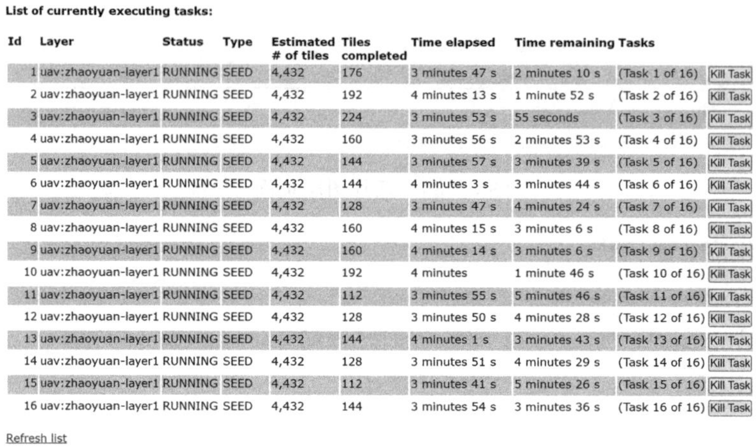

List of currently executing tasks:

Id	Layer	Status	Type	Estimated # of tiles	Tiles completed	Time elapsed	Time remaining	Tasks	
1	uav:zhaoyuan-layer1	RUNNING	SEED	4,432	176	3 minutes 47 s	2 minutes 10 s	(Task 1 of 16)	Kill Task
2	uav:zhaoyuan-layer1	RUNNING	SEED	4,432	192	4 minutes 13 s	1 minute 52 s	(Task 2 of 16)	Kill Task
3	uav:zhaoyuan-layer1	RUNNING	SEED	4,432	224	3 minutes 53 s	55 seconds	(Task 3 of 16)	Kill Task
4	uav:zhaoyuan-layer1	RUNNING	SEED	4,432	160	3 minutes 56 s	2 minutes 53 s	(Task 4 of 16)	Kill Task
5	uav:zhaoyuan-layer1	RUNNING	SEED	4,432	144	3 minutes 57 s	3 minutes 39 s	(Task 5 of 16)	Kill Task
6	uav:zhaoyuan-layer1	RUNNING	SEED	4,432	144	4 minutes 3 s	3 minutes 44 s	(Task 6 of 16)	Kill Task
7	uav:zhaoyuan-layer1	RUNNING	SEED	4,432	128	3 minutes 47 s	4 minutes 24 s	(Task 7 of 16)	Kill Task
8	uav:zhaoyuan-layer1	RUNNING	SEED	4,432	160	4 minutes 15 s	3 minutes 6 s	(Task 8 of 16)	Kill Task
9	uav:zhaoyuan-layer1	RUNNING	SEED	4,432	160	4 minutes 14 s	3 minutes 6 s	(Task 9 of 16)	Kill Task
10	uav:zhaoyuan-layer1	RUNNING	SEED	4,432	192	4 minutes	1 minute 46 s	(Task 10 of 16)	Kill Task
11	uav:zhaoyuan-layer1	RUNNING	SEED	4,432	112	3 minutes 55 s	5 minutes 46 s	(Task 11 of 16)	Kill Task
12	uav:zhaoyuan-layer1	RUNNING	SEED	4,432	128	3 minutes 50 s	4 minutes 28 s	(Task 12 of 16)	Kill Task
13	uav:zhaoyuan-layer1	RUNNING	SEED	4,432	144	4 minutes 1 s	3 minutes 43 s	(Task 13 of 16)	Kill Task
14	uav:zhaoyuan-layer1	RUNNING	SEED	4,432	128	3 minutes 51 s	4 minutes 29 s	(Task 14 of 16)	Kill Task
15	uav:zhaoyuan-layer1	RUNNING	SEED	4,432	112	3 minutes 41 s	5 minutes 26 s	(Task 15 of 16)	Kill Task
16	uav:zhaoyuan-layer1	RUNNING	SEED	4,432	144	3 minutes 54 s	3 minutes 36 s	(Task 16 of 16)	Kill Task

Refresh list

图 5-38　缓存任务监控页面

完成数据发布后，可通过各种GIS框架调用地图服务，地图调用URL示例如下：http://172.16.3.217:8080/geoserver/uav/gwc/service/wmts? layer=uav:zhaoyuan-layer1&style=&tilematrixset=EPSG:900913&Service=WMTS&Request=GetTile&Version=1.0.0&Format=image/png&TileMatrix=EPSG:900913:{z}&TileCol={x}&TileRow={y}。

6 Webgis开发框架

无人机影像及影像分析结果，一般输出成 TIFF 栅格图像，或 shp、kml、geojson 等矢量数据。对于数据量大的 TIFF 文件，可以通过数据发布进一步处理成可以通过 Web 访问的瓦片地图。对于 shp 文件或 kml 文件，如果要素（feature）数量不多，可以直接在应用前端进行渲染；如果要素数量较多，直接渲染响应太慢，也可以预先处理成瓦片地图，以提高访问速度。

无人机农业应用系统通常利用地理信息系统（GIS）框架，搭建起 Web 端及手机端数据浏览页面；通过交互设计实现面积、长度测量，以及附加信息添加等；最终形成以地理信息为基础的农业管理系统，提高管理的直观性和精确性；并可以与智慧农机结合，形成智慧农业作业模式。本章将介绍几种主流的 Webgis 开源框架。

6.1 Webgis 开源框架简介

目前，主流的 Webgis 开源框架有 4 个：Openlayers、Leaflet、Mapbox GL、Cesium。

6.1.1 Openlayers

Openlayers 是一个稳定可靠的集成式地图开发脚本，兼容老旧版本的 IE 浏览器，仅支持二维显示。

主要优点有：

①支持主流投影坐标系。几乎所有的主流投影坐标系都可以支持。

②脚本一体化。功能全并且集成到官方脚本。

③ogc 协议。脚本良好地遵循了 ogc 协议。

④兼容性。兼容 IE6、IE7、IE8、IE9 等浏览器。

主要缺点有：

①地图样式简单，难以定制高端的可视化效果。

②内存释放与优化差。

6.1.2 Leaflet

Leaflet 是一个轻量级的地图脚本，插件丰富、拓展性优秀，适合轻应用及移动端 WebGIS 开发，仅支持二维显示。

主要优点有：

①学习成本低。API 简洁、容易上手，适合简单到中等复杂度的地图应用。

②主流投影坐标支持。支持几乎所有的主流投影坐标系。

③矢量表达。支持矢量专题图、矢量空间分析、矢量瓦片、矢量可视化等矢量表达。

④全样式表达。可结合主流的互联网可视化技术，如 D3、Echarts、Mapv，实现丰富的地图可视化表达。

⑤生态完善。功能全，插件丰富，社区生态完善，对开发者友好。

⑥跨平台。兼容大部分浏览器，跨平台性强。

⑦移动设备支持。内部代码框架设计的时候考虑到了对移动设备的支持，支持移动设备。

主要缺点有：

①没有使用 WebGL 进行渲染，在可视化表达上稍差。

②没有使用硬件加速，没有发挥硬件的最大效果。

6.1.3 Mapbox GL

Mapbox GL 是 Mapbox 开发的一款基于 WebGL 的开源地图引擎，支持高清经纬度矢量瓦片、个性化前端表达、前端矢量绘制、海量地名地址等功能，支持二维显示、三维显示，能够开发最具美感的专题地图。目前，Mapbox GL 的使用是免费与收费相结合的，每月 50 000 次调用以内为免费，超过部分则需要收费。

主要优点有：

①高效矢量瓦片。高效实用的矢量瓦片。

②顶级可视化。顶级的可视化渲染，有 MapboxGL、EchartGL、KeplerGl 等。

③高性能。使用 WebGL 渲染，支持 3D 地图和流畅的动画效果。

④顶级互联网技术加持。有 Baidu、Uber、Mapbox 等可视化巨头的技术加持。

主要缺点是支持的投影较少，2.6 版本之前只支持 Web 墨卡托投影（EPSG：3857），2.6 版本之后添加了对 albers、equalEarth、equirectangular、lambertConformalConic、naturalEart、winkelTripel 等投影的支持。

6.1.4 Cesium

Cesium 是一个三维可视化地图库，支持 2D、2.5D、3D 地图显示。

主要优点有：

①3D 地球和地图。专注于 3D 地图和地球的渲染，支持逼真的 3D 可视化。

②WebGL 渲染。利用 WebGL 提供高性能的 3D 渲染，支持大规模数据集。

③丰富的功能。支持时间动态、地形、卫星影像、3D 瓦片等高级功能。

④社区和插件。活跃的社区和插件生态，提供各种扩展功能。

主要缺点有：

①性能需求。对硬件要求较高，可能对低性能设备不友好。

②自成体系的模型与几何绘制策略，需要重新学习。

③代码过重，并且主视图必须获取顶级 div，影响工程代码结构。

6.2 Openlayers 框架

Openlayers 框架主要组成部分有 Map、图层（Layer）和源（Source）、控件（Control）、样式（Style）、几何对象（geom）等。

6.2.1 Map

Map 是 Openlayers 的核心组件，创建 Map 对象提供的主要参数包括：

(1) 视图（view） 地图的一个二维视图对象，用于执行改变地图的中心点、分辨率（zoom）及旋转等操作。

(2) 图层列表（layers） 图层列表是一个由图层对象组成的数组，指定了 Openlayers 创建后初始要显示的图层列表。

(3) 目标容器（target） HTML 页面中的一个 DOM 组件，地图内容将渲染在该 DOM 组件中。

(4) 控制键（controls） 地图上要显示的控制键，如放大、缩小按钮等，可以根据需要自定义控制键样式。

创建 Map 对象的代码示例如下：

```
const map=new Map({
    target:'map',// div 对象名
    controls:defaults({ //地图上控制键
        zoomOptions:{
            className:'my-zoom'
        },
        rotateOptions:{
            className:'my-rotate'
        }
    }),
    layers:[],// 图层列表
    view:new View({ //视图
    enableRotation:false,
    center:olProj.fromLonLat([116.66872708256801,36.53707068809544]),
    zoom:10
    })
})
```

6.2.2 图层和源

图层（Layer）和源（Source）是 Openlayers 能够加载多种类型数据的关键，二者联系紧密；图层是数据显示窗口，而源是数据。目前，Openlayers 支持的图层类型有图像、瓦片、矢量瓦片、矢量数据、热力图等。支持的源有 XYZ 形式的瓦片地图、WMTS 规范

瓦片地图、WMS 地图、OpenStreetMap 地图、必应地图、GeoTIFF 图片、矢量数据等。

在应用系统开发中，使用频率最高的是瓦片图层和矢量图层。

6.2.2.1 瓦片图层

瓦片图层通过提供瓦片地图服务的 API 和相关参数，实现对瓦片地图的接入。无人机数据发布成瓦片服务后，也是通过瓦片图层显示。特别需要注意的是，无人机数据通常覆盖的范围比较小，为减少瓦片请求数量、提高访问效率，在创建瓦片图层时，应指定范围边界；显示时，只请求边界内涉及的瓦片，边界外的不请求。

Openlayers 显示瓦片地图时，需要创建两个对象：瓦片源对象和图层对象。首先，创建瓦片源对象；然后，将瓦片源对象作为参数创建图层对象；通过调用 map. addLayer() 函数将图层对象添加到 Map 对象，即可实现瓦片地图显示。代码示例如下：

```
//创建无人机瓦片源对象
const tileSource=new ol. source. XYZ({
    url:' http://localhost:3000/test7/{z}/{x}/{y}',
    minZoom:0,
    maxZoom:15,
});
//创建瓦片图层对象
const tileLayer=new ol. layer. Tile({
    zIndex:1,
    extent: ol. proj. transformExtent ([120.6383, 37.1719, 120.6539, 37.1795]," EPSG: 4326 ",
"EPSG:3857"),
    source:tileSource
});
map. addLayer(tileLayer)
```

6.2.2.2 矢量图层

矢量图层用于显示点、线、面等矢量数据，用户通过界面交互画定的几何图形，也是通过矢量图层进行显示。

Openlayers 提供了 3 种矢量相关的图层：矢量图层（Vector）、矢量瓦片图层（VectorTile）和矢量图像图层（Vector Image）。矢量瓦片图层专用于显示矢量瓦片地图。矢量图层和矢量图像图层都用于显示几何矢量数据，但处理方式不同。矢量图层直接渲染矢量对象，优势是渲染准确（即使在动画过程中）；视图旋转后，点符号和标签保持直立。缺点是当矢量数据很大时，拖动和放大、缩小时，性能很差。矢量图像图层将矢量数据在客户端渲染成图片，优点是在拖动和放大、缩小时，性能很高。缺点是旋转时，点符号和标签跟着旋转；放大、缩小动画执行时，像素会被放缩。

Openlayers 显示矢量数据，需要矢量图层、矢量源和要素（feature）3 种对象。首先，利用矢量对象坐标创建要素对象，并为要素设置显示样式；其次，以要素对象数组为参数，创建矢量源对象；最后，以矢量源为参数创建矢量图层，添加到 Map 对象。

```
//第一步创建 feature
```

```
const polygonFeature=new ol.Feature({
    geometry: new ol.geom.Polygon(polygonCoordinates).transform("EPSG:4326","EPSG:3857"),
});
//设置 feature 样式
polygonFeature.setStyle(new ol.style.Style({
    stroke:new ol.style.Stroke({
        color:"#ff0000",
        width:2
}),
    fill:new ol.style.Fill({
        color:"rgba(255,255,255,0)"
    })
}))
//第二步创建矢量数据源
const vectorSource=new ol.source.Vector({
    features:[polygonFeature]
})
//第三步创建矢量图层
const vectorLayer=new ol.layer.Vector({
    zIndex:2,//图层显示高度
    source:vectorSource
})
map.addLayer(vectorLayer)
```

6.2.3 控件

Openlayers 的控件是一个在屏幕上有固定位置的 DOM 元素，它们的位置由 CSS 指定，可以通过修改控件的 CSS 类名自定义其位置和样式。目前，Openlayers 提供的控制键有：

（1）**Zoom** 有 2 个按钮，分别对应放大和缩小。

（2）**Rotate** 在视图发生旋转后，一键返回旋转角度为 0 的状态。

（3）**ScaleLine** 比例尺控件。

（4）**FullScreen** 全屏控件，点击后画面全屏显示，相当于浏览器的“Shift+F11”快捷键。

（5）**ZoomSlider** 放缩滑条。类似于 Zoom，仅操作改为滑动条。

（6）**Attribution** 显示地图图层相关的属性。

（7）**OverviewMap** 地图缩略图控件，也是一个 Map 对象，方便快速定位。

（8）**ZoomToExtent** 将地图视图放大到指定边界。

（9）**MousePosition** 显示鼠标当前位置坐标。

6.2.4 样式

样式对象用于矢量要素的渲染，常用的参数有 Fill、Icon、Text、Stroke 等。

（1）Fill 指定矢量要素的填充样式，只有颜色一个参数。

（2）Icon 指定矢量要素的图标样式，图片源可用 img 参数或者 src 参数指定。使用 img 参数指定图标源时，需要通过 imgSize 给出图片大小，可以对图片锚点（图标的中心点）、图像不透明度等进行设置。

（3）Text 指定矢量要素文本的样式，包括文本内容、字体、文本偏移量等参数。

（4）Stroke 指定矢量要素线条的样式，包括颜色、宽度、线端点样式、连接样式、虚线模式等参数。

6.2.5 几何对象

几何对象主要用于创建地图要素（feature），包括 Point（点）、Circle（圆）、Polygon（多边形）、LinearRing（线环）、LineString（线）、MultiPoint（多点）、MultiPolygon（多多边形）、MultiLineString（多线）。其中，LinearRing 仅作为多边形组成部分，不能单独渲染。

在计算面积和长度时需要注意，几何对象提供的 getArea（）和 getLength（）计算的是在投影平面的面积和长度。由于 Openlayers 默认采用的是 EPSG：3857 投影，其特点是面积误差随着纬度升高而增大，这样获得的计算结果会严重偏离实际值。为了更加准确地计算面积和长度，应采用 ol. sphere 里提供的 getArea（）和 getLength（）函数。

6.2.6 事件响应

Openlayers 的 Map 对象支持多种事件，常用的如鼠标点击事件。鼠标点击事件包括点击（click）、单击（singleclick）、双击（doubleclick）。通过响应鼠标点击事件，可以实现诸如选择要素、添加标签、绘制多边形测量面积、绘制线段测量长度等交互功能。

6.2.6.1 选择要素

可以通过响应单击事件，筛选出目标图层中在点击位置的要素，通过修改要素样式实现高亮选择。示例代码如下：

```
//响应单击事件
map.on('singleclick',(event)=>{
    highLightFeature(event);
});
function highLightFeature(event){
    // 获取点击点下面的 features
    let features=map.getFeaturesAtPixel(event.pixel,{
        // 图层过滤，只高亮 vectorLayer 的 features
        layerFilter:function(layer){
            if(layer==vectorLayer){
```

```
                return true;
            }
            return false;
        }
    });
    // 选中后高亮样式
    let highLightStyle=new ol.style.Style({
        stroke:new ol.style.Stroke({
            color:"#00ff00",
            width:4
        }),
        fill:new ol.style.Fill({
                color:"rgba(255,255,255,0.4)"
        })
    })
        // 未选中样式
        let unSelectedStyle=new ol.style.Style({
            stroke:new ol.style.Stroke({
                color:"#ff0000",
                width:2
            }),
            fill:new ol.style.Fill({
                color:"rgba(255,255,255,0)"
            })
        })
        for(let feature of features){
            // 高亮状态切换
            if(! feature.selected){
                feature.setStyle(highLightStyle);
                feature.selected=true;
            } else {
                feature.setStyle(unSelectedStyle);
                feature.selected=false;
            }
    }
}
```

6.2.6.2 添加标签

响应鼠标单击事件时，在事件对象中取出点击位置坐标，在坐标位置添加点类型要素，在样式里指定 icon，可实现单击动态添加标签。示例代码如下：

```
//创建标签专用图层
const markerLayer=new ol.layer.Vector({
```

```
        zIndex:3,
        source:new ol.source.Vector({ features:[]})
});
map.addLayer(markerLayer);
//响应鼠标单击事件,创建标签
map.on('singleclick',(event)=>{
        drawPoint(event);
});
//绘制标签
function drawPoint(event){
        let geom=new ol.geom.Point(event.coordinate);
        let feature=new ol.Feature({ geometry:geom });
        feature.setStyle(
                new ol.style.Style({
                        image:new ol.style.Icon({
                                anchor:[0.5,1],
                                anchorXUnits:"fraction",
                                anchorYUnits:"fraction",
                                opacity:1,
                                img:document.getElementById('green-pin-middle'),
                                imgSize:[21,31]
                        }),
                })
        );
        markerLayer.getSource().addFeature(feature);
}
```

6.2.6.3 绘制多边形测量面积

通过响应一系列鼠标单击事件，取出各点击事件位置坐标作为多边形顶点，可实现多边形绘制；进一步通过调用 ol.sphere.getArea（）计算出面积，并将面积显示在多边形中，即可完成绘制多边形进行面积测量的交互。示例代码如下：

```
//多边形顶点集合
const vertices=[];
//黄色实线样式
const strokeSolidYellow=new ol.style.Stroke({
        color:"#ffff00",
        width:4
});
//白色虚线样式
const strokeDashedWhite=new ol.style.Stroke({
        color:"#ffffff",
```

```
        width:4,
        lineDash:[6]
});
//多边形显示图层
const drawLayer=new ol.layer.Vector({
        zIndex:3,
        source:new ol.source.Vector({ features:[]})
});
map.addLayer(drawLayer);
//单击绘制
map.on('singleclick',(event)=>{
        vertices.push(event.coordinate);
        drawPoint(event);
        drawPolygonDynamically();
});
//双击结束绘制
map.on('dblclick',(event)=>{
        drawPolygon();
})
//未完成绘制前动态绘制多边形
function drawPolygonDynamically(){
        if(vertices.length < 2){
                return;
        } else if(vertices.length==2){
                drawLine({
                        coordinates:[vertices[vertices.length - 2],vertices[vertices.length - 1]],
                        stroke:strokeSolidYellow
                });
                return;
        }
        if(vertices.length > 3){
                let features=drawLayer.getSource().getFeatures();
                drawLayer.getSource().removeFeature(features[features.length - 1]);
                drawLayer.getSource().removeFeature(features[features.length - 2]);
        }
        drawLine({
                coordinates:[vertices[vertices.length - 2],vertices[vertices.length - 1]],
                stroke:strokeSolidYellow
        });
        drawLine({
                coordinates:[vertices[vertices.length - 1],vertices[0]],
```

```
        stroke:strokeDashedWhite
    });
    showAreaText();
}
//绘制多边形
function drawPolygon(){
    let polygonFeature=new ol.Feature({
        geometry:new ol.geom.Polygon([vertices]),
    });
    //设置样式
    polygonFeature.setStyle(new ol.style.Style({
        stroke:new ol.style.Stroke({
            color:"#ffff00",
            width:4
        }),
        fill:new ol.style.Fill({
            color:"rgba(255,255,255,0.3)"
        })
    }))
    //创建矢量数据源
    drawLayer.getSource().clear();
    drawLayer.getSource().addFeature(polygonFeature);
    showAreaText();
}
//画线
function drawLine(options){
    let geom=new ol.geom.LineString(options.coordinates);
    let feature=new ol.Feature({ geometry:geom });
    feature.setStyle(
        new ol.style.Style({
          stroke:options.stroke
        })
    );
    drawLayer.getSource().addFeature(feature);
}
//显示面积字符串
function showAreaText(){
    let poly=new ol.geom.Polygon([vertices]);
    let center=poly.getInteriorPoint();
    let area=ol.sphere.getArea(poly,{projection:'EPSG:3857'});
    let text=area.toFixed(2)+ "m2";
    let feature=new ol.Feature(
```

```
        { geometry:new ol. geom. Point(
            [center. flatCoordinates[0],center. flatCoordinates[1]])
        }
    );
    feature. setStyle(
        new ol. style. Style({
            text:new ol. style. Text({
                font:' 28px   sans-serif',
                text:text,
                fill:new ol. style. Fill({
                    color:'#ffff00'
                })
            })
        })
    );
    drawLayer. getSource(). addFeature(feature);
}
```

代码运行结果如图 6－1 所示。

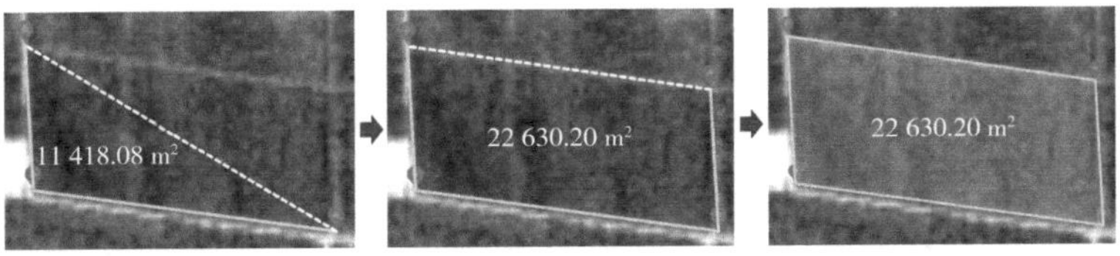

图 6－1　绘制多边形测量面积示例

6.2.6.4　绘制线段计算长度

绘制线段计算长度与绘制多边形测量面积交互类似，取出各点击事件位置坐标作为线段端点，绘制出线段，通过调用 ol. sphere. getLength（）计算出长度，并将长度显示在最后一个端点，即可完成绘制线段计算长度的交互。示例代码如下：

```
//响应单击事件添加新端点
map. on(' singleclick',(event)=> {
    vertices. push(event. coordinate);
    drawPoint(event);
    if(vertices. length==1){
        return;
    }
    if(vertices. length > 2){
        let features=drawLayer. getSource(). getFeatures();
        drawLayer. getSource(). removeFeature(features[features. length - 1]);
    }
    if(vertices. length > 1){
```

```
        drawLine({
            coordinates:[vertices[vertices. length - 2],vertices[vertices. length - 1]],
            stroke:strokeSolidYellow
        });
        showLengthText();
    }
});
//显示长度字符
function showLengthText(){
    let lineString=new ol. geom. LineString(vertices);
    let length=ol. sphere. getLength(lineString,{projection:'EPSG:3857'});
    let text=length. toFixed(2)+ "m";
    let feature=new ol. Feature(
        { geometry:new ol. geom. Point(
            vertices[vertices. length - 1])
        }
    );
    feature. setStyle(
        new ol. style. Style({
            text:new ol. style. Text({
                font:'24px  sans-serif',
                text:text,
                offsetY:15,
                fill:new ol. style. Fill({
                    color:'#ffff00'
                })
            })
        })
    );
    drawLayer. getSource(). addFeature(feature);
}
```

代码运行结果如图 6 - 2 所示。

图 6 - 2　绘制线段计算长度示例

6.3 Leaflet 框架

Leaflet 框架主要组成部分有 Map、图层（包括 UI 图层、栅格图层、矢量图层和其他图层）、控件等。

6.3.1 Map

Map 是 Leaflet 框架的核心类，用来在页面中创建并操作地图，一般通过 Leaflet 提供的工厂函数构建 Map 对象，代码示例如下：

```
const map=L.map('map',{
    center:[37.4029,120.4955],
    zoom:13,
    minZoom:10,
    maxZoom:22
});
```

Leafmap 提供了一系列参数用于在创建 Map 时初始化显示和操作，主要包括：

（1）控件选项 选择地图要显示的控件，包括 2 个控件：zoomControl（放大、缩小控件）和 attributionControl（版权控件）；默认值都是 true，即都显示。

（2）交互选项 用于设置地图交互操作，如地图是否可以拖拽（dragging）、双击放大（doubleClickZoom）、地图是否会自动根据浏览器窗口的大小来更新自己（trackResize）等。

（3）地图状态选项 用于设置地图相关内容和参数，如坐标系（crs，默认是 EPSG：3857）、中心点位置（center，经纬度类型；注意与 Openlayers 不同，Leaflet 是纬度在前、经度在后）、初始缩放等级（zoom）、地图最小缩放级别（minZoom）、最大缩放级别（maxZoom）、默认图层组（layers）、最大边界（maxBounds）、矢量图层默认绘制方法（renderer，默认为 L.SVG 或 L.Canvas）。

（4）动画选项 用于控制地图在放大、缩小时的动画显示，主要配置项有是否启用地图缩放动画（zoomAnimation）、是否启用淡入淡出动画（fadeAnimation）等。

（5）Panning Inertia 控制拖动时的惯性，即平移会有一种惯性效应，地图在拖动时形成动力，并在一段时间内继续向同一方向移动。主要设置项包括是否启用惯性（inertia）、惯性运动减速度（inertiaDeceleration，以像素/s^2 为单位）、惯性运动的最大速度（inertiaMaxSpeed）等。

（6）按键导航选项 控制是否可以通过键盘进行地图浏览。包括是否允许通过键盘"+/−"来进行地图浏览（keyboard）；以及使用方向键进行平移时，平移的像素数量（keyboardPanDelta）。

（7）鼠标选项 控制是否通过使用鼠标滚轮进行缩放。包括是否允许通过滚轮进行缩放（scrollWheelZoom）、限制滚轮触发速度（wheelDebounceTime，以 ms 为单位，默认为 40ms)、多少滚动像素意味着一个完整缩放级别的更改（wheelPxPerZoomLevel，较小的值将使滚轮变焦更快)。

(8) 触摸交互选项 控制地图在移动端的触摸交互。包括是否启用 mobile hacks 以支持 taps 和 touch（tapHold)、用户触摸移动像素数阈值（tapTolerance，超过此值被认为是有效的 tap)、是否允许通过两根手指的触摸拖动进行缩放（touchZoom)、超过地图最小/最大范围后是否反弹（bounceAtZoomLimits)。

6.3.2 图层

Leaflet 提供了丰富的图层显示功能，分为 4 大类：UI 图层、栅格图层、矢量图层和其他图层。

6.3.2.1 UI 图层

UI 图层包括 4 个类型：Marker 标记、DivOverlay、Popup 弹出窗口和 Tooltip 工具提示。

(1) Marker 标记 与 Openlayers 使用矢量图层显示标记不同，Leaflet 提供了专用的 Marker 图层来显示标记。Marker 图层提供了多种选项来定制化显示和交互，如图标实例（icon)、悬停提示文本（title)、z 坐标高度（zIndexOffset)、不透明度（opacity)、是否可拖拽（draggable)、鼠标悬停时标记在最顶层显示（riseOnHover）等。

示例代码如下：

```
const myIcon=L.icon({
    iconUrl:'./images/green_pin_middle.png',
    iconSize:[21,31],
    iconAnchor:[10,31],
    popupAnchor:[0,-31]
});
const myMarker=L.marker([37.4029,120.4955],{
    icon:myIcon,
    title:'Test marker',
    draggable:true
});
myMarker.addTo(map);
```

(2) DivOverlay 该图层是 Popup 图层和 Tooltip 图层的基本类型，提供了一些基本属性、操作和事件。

(3) Popup 弹出窗口 用于在地图的某些位置打开弹出窗口，确保一次只打开一个弹出窗口。示例代码如下：

```
//点击 marker 弹出弹框
myMarker.bindPopup("This is a marker's popup")
//点击地图任意位置弹出框
map.on('click',function(e){
```

```
    let popup=L.popup()
    .setLatLng([e.latlng.lat,e.latlng.lng])
    .setContent('<p>This is a popup! </p><p>'+'位置:'
    + e.latlng.lat.toFixed(4)+ ','+e.latlng.lng.toFixed(4)+ '</p>')
    .openOn(map);
})
```

(4) Tooltip 工具提示 用于在地图图层顶部显示小文本，可以使用 Tooltip 实现鼠标在标记上方悬停时弹出提示框。示例代码如下：

```
myMarker.bindTooltip("This is tooltip test",{
    className:'red'
}).openTooltip();
```

6.3.2.2 栅格图层

Leaflet 提供了 4 种栅格图层：TileLayer、TileLayer.WMS、ImageOverlay、VideoOverlay。

(1) TileLayer 用于在地图上加载和显示瓦片图层，无人机发布成功后生成的瓦片地图服务即用该图层进行显示。代码示例如下：

```
const bottomLeft=L.latLng(37.3972,120.4858);
const topRight=L.latLng(37.4083,120.5067);
const bounds=L.latLngBounds(bottomLeft,topRight);
//创建并添加瓦片图层
L.tileLayer('http://localhost:3000/zhaoyuan/{z}/{x}/{y}',{
    maxZoom:22,
    bounds:bounds
}).addTo(map);
```

Leaflet 栅格图层的基本选项与 Openlayers 相似，也有最小缩放级别（minZoom）、最大缩放级别（maxZoom）、图层边界（bounds）等。通过指定图层边界，可以使图层只加载边界范围内的瓦片，提高访问效率。

(2) TileLayer.WMS 该类扩展自 TileLayer，用于将 WMS 服务显示为地图上的瓦片图层。

(3) ImageOverlay 用于在地图的特定边界上加载和显示单个图像。示例代码如下：

```
let imageUrl='./images/test.jpg',
    imageBounds=[[37.3972,120.4858],[37.4083,120.5067]];
L.imageOverlay(imageUrl,imageBounds).addTo(map);
```

(4) VideoOverlay 用于在地图的特定范围内加载和显示视频播放器。示例代码如下：

```
var videoUrl='./videos/test.mp4';
varvideoBounds=[[37.3972,120.4858],[37.4083,120.5067]];
L.videoOverlay(videoUrl,videoBounds,{
```

```
    muted:true,
    autoplay:true
}).addTo(map);
```

注意在 Chrome、Edge 等部分浏览器下，autoplay 为 true 不能自动播放，必须将 muted 设为 true 才能自动播放。

6.3.2.3 矢量图层

Leaflet 矢量图层类包括 Path、Polyline、Polygon、Rectangle、Circle、CircleMarker、SVGOverlay、SVG、Canvas。

（1）Path 该类是一个抽象类，不能直接用于渲染，它是 Polygon、Polyline、Circle 的父类。

（2）Polyline 多段线类，用于绘制折线。示例代码如下：

```
let indices=[
    [37.4029,120.4955],
    [37.4028,120.4958],
    [37.4029,120.4960],
    [37.4030,120.4960]
]
let polyline=L.polyline(indices,{color:'red'}).addTo(map);
```

（3）Polygon 多边形类，用于绘制多边形。示例代码如下：

```
let indices=[
    [37.4029,120.4955],
    [37.4028,120.4958],
    [37.4029,120.4960],
    [37.4030,120.4960]
]
let polygon=L.polygon(indices,{color:'red'}).addTo(map);
```

（4）Rectangle 矩形类，用于绘制矩形。示例代码如下：

```
let indices=[
    [37.4029,120.4955],
    [37.4030,120.4960]
]
let rectangle=L.rectangle(indices,{color:'red'}).addTo(map);
```

（5）Circle 圆环类，用于绘制圆环。示例代码如下：

```
let circleCenter=[37.4029,120.4955];
let circleOptions={
    radius:2000,
    color:'#ff0000',
```

```
    fillColor:'#0000ff',
    fillOpacity:0.2
}
L.circle(circleCenter,circleOptions).addTo(map);
```

(6) CircleMarker 圆环标志类。该类与 Circle 的不同点是，它的半径是固定像素大小的，即配置中的 radius 指定的是像素单位。CircleMarker 图形在地图放大或缩小时会先跟随放大或缩小，然后马上变回原来大小。示例代码如下：

```
let circleCenter=[37.4029,120.4955];
let circleOptions={
    radius:200,
    color:'#ff0000',
    fillColor:'#0000ff',
    fillOpacity:0.2
}
L.circleMarker(circleCenter,circleOptions).addTo(map);
```

(7) SVGOverlay 用于在地图的特定边界内加载和显示 SVG 文件，绘制的 SVG 图形跟随地图放大或缩小。示例代码如下：

```
let svgElement=document.createElementNS("http://www.w3.org/2000/svg","svg");
svgElement.setAttribute('xmlns',"http://www.w3.org/2000/svg");
svgElement.setAttribute('viewBox',"0 0 200 200");
svgElement.innerHTML='<rect width="200" height="200"/><rect x="75" y="23" width="50" height="50" style="fill:green"/><rect x="75" y="123" width="50" height="50" style="fill:blue"/>';
let svgElementBounds=[[37.4029,120.4955],[37.4028,120.4956]];
L.svgOverlay(svgElement,svgElementBounds).addTo(map);
```

(8) SVG 允许矢量图层使用 SVG 元素渲染。Leaflet 矢量图层的默认渲染方式有 2 种：SVG 和 Canvas，根据浏览器的支持情况选择。使用 SVG 类可以显式地将矢量图层渲染方式设置为 SVG 渲染方式。示例代码如下：

```
let indices=[[37.4029,120.4955],[37.4028,120.4956]]
let svgRender=L.canvas({padding:0.5})
let rectangle=L.rectangle(indices,{color:'red',renderer:svgRender}).addTo(map);
```

(9) Canvas 允许矢量图层使用 Canvas 元素渲染，参考 SVG 的作用。

6.3.2.4 其他图层

(1) LayerGroup 将多个图层组合成一个 group，像一个图层一样进行处理。示例代码如下：

```
let group=L.layerGroup([circle,rectangle]).addTo(map);
```

(2) FeatureGroup 由 LayerGroup 扩展而来，能够很方便地为 group 里的所有成员图层同时进行设置，如绑定弹出框、处理事件。示例代码如下：

```
L.featureGroup([circle,rectangle])
    .bindPopup('Fine! ')
    .on('click',function(){ alert('点击了组里的图层! '); })
    .addTo(map);
```

(3) GeoJSON 用于在地图上显示 GeoJSON 格式的数据。示例代码如下：

```
L.geoJSON(geoJsonObj,{
    style:function(feature){
        return {color:'green'};
    }
}).addTo(map);
```

(4) GridLayer 此类为所有栅格图层的基类。

6.3.3 控件

Leaflet 提供的控件包括放大或缩小按钮（Zoom）、属性控件（Attribution）、图层控制控件（Layers）、比例控件（Scale）。

6.3.3.1 Zoom

放大或缩小按钮，可以通过配置参数设置按钮的样式、位置，在创建地图对象时，可通过设置 zoomControl 为 false，屏蔽默认显示。示例代码如下：

```
//显示在右下角
L.control.zoom({
    position:'bottomright'
}).addTo(map);
```

6.3.3.2 Attribution

属性控件以文本的形式在地图上显示信息，在创建地图对象时，可通过将 attributionControl 选项设置为 false，屏蔽默认属性显示。示例代码如下：

```
L.control.attribution({
    prefix:'test',
    position:'topright'
}).addAttribution('This is a test map').addTo(map);
```

6.3.3.3 Layers

图层控制控件用来进行图层的显示控制，构造函数包含 2 个参数：第 1 个参数是基本图层列表，Layers 将以单选框形式管理其显示，同时只能显示列表中的 1 个；第 2 个参数是叠加图层列表，Layers 将以复选框形式管理其显示，可以同时显示多个图层。示例代码如下：

```
let baseLayers={
    "Circle1":circle1,
    "Circle2":circle2
}
let overlays={
    "Rectangle":rectangle,
    "Circle":circle
}
L. control. layers(baseLayers,overlays). addTo(map);
```

6.3.3.4 Scale

比例控件，用米制和英制两种方式显示当前屏幕中心的比例尺。示例代码如下：

```
L. control. scale({
    metric:true,
    position:' topleft '
}). addTo(map);
```

6.4 Mapbox GL 框架

Mapbox GL 框架主要组成部分包括 Map、样式、图层和源、标签和控件、地理和几何对象、用户交互处理程序等。在框架核心功能之外，Mapbox GL 还通过插件方式提供了丰富的其他功能。本节中所有示例代码均在 vue3.0 框架下实现，使用的 Mapbox GL 版本号为 3.6.0。

6.4.1 Map

与 Openlayers 和 Leaflet 相同，Map 也是 Mapbox GL 框架的核心类，表示整个地图，创建时也需要提供一个 Dom 对象作为地图容器。与 Openlayers 和 Leaflet 不同的是，当 Mapbox GL 创建 Map 对象时，还需要提供 accessToken，可以通过其官方网站注册获得。Map 对象创建示例代码如下：

```
mapboxgl. accessToken=' my accessToken ';
this. map=new mapboxgl. Map({
    container:' map ',
    zoom:10,
    center:[116.407228,39.904589],
    style:{
        version:8,
        sources:{
        },
        layers:[
```

```
        ]
    },
    pitch:0,
    bearing:0,
    antialias:true
});
```

其中，bearing 表示地图逆时针旋转的角度。pitch 是视场倾斜角度，0 表示无倾斜的二维地图；大于 0 表示视角非正射于地图，值越大，视角越指向地平线。

6.4.2 样式

Mapbox GL 的样式（Style）定义了地图的视觉外观：绘制哪些数据、绘制的顺序及绘制数据时的样式。Style 示例代码如下：

```
{
    "version":8,
    "name":"My First Map",
    "sources":{
        "mapbox—data":{
            "type":"vector",
            "url":"mapbox://mapbox.mapbox—streets—v8"
        }
    },
    "layers":[
        {
            "id":"mapbox—layer",
            "type":"fill",
            "source":"mapbox—data",
            "layout":{},
            "paint":{
                "fill—color":"#888",
                "fill—opacity":0.5
            }
        }
    ]
}
```

其中，version 是样式规范版本号，必须为 8，name 是自定义的可读字符串，用来命名样式；sources 是数据源；layers 是图层。绘制顺序按照图层数组中元素的顺序进行。

6.4.3 图层和源

Mapbox GL 中的数据源（Sources）以 key-value 形式组织，每个源需要有一个标识

key，支持的源类型有矢量瓦片（vector）、栅格瓦片（raster）、栅格数字高程（raster-dem）、geojson、图片（image）、视频（video）等。

图层（Layers）列出了样式中所有可用的图层。图层的类型由“type”属性指定，必须是以下之一：background、fill、line、symbol、raster、raster-pattern、circle、fill-extrusion、heatmap、hillshade、sky、model。除了 background 或 sky 类型的图层外，每个图层必须引用一个数据源。

6.4.3.1 添加矢量瓦片图层示例

此示例调用 Mapbox 提供的矢量瓦片地图，显示出所有水体图斑，包括海洋、河流、湖泊、池塘等。

```
showVector(){
    this.map.addSource(
        "mapbox-streets",{
            "type":"vector",
            "url":"mapbox://mapbox.mapbox-streets-v8"
        }
    );
    this.map.addLayer({
        'id':'vector-layer',
        'source':'mapbox-streets',
        'type':'fill',
        'source-layer':'water',
        'layout':{},
        'paint':{
            'fill-color':'#00f',
            'fill-opacity':0.5
        }
    });
}
```

6.4.3.2 添加栅格瓦片图层示例

此示例调用天地图栅格瓦片服务，显示卫星图像。

```
showTianDiTu(){
    let tiandituUrl='http://t0.tianditu.gov.cn/img_w/wmts?SERVICE=WMTS&REQUEST=GetTile&VERSION=1.0.0&LAYER=img&STYLE=default&TILEMATRIXSET=w&FORMAT=tiles&TILEMATRIX={z}&TILEROW={y}&TILECOL={x}&tk={tianditu_key}';
    this.map.addSource(
        'tianditu-tile',
        {
            'type':'raster',
```

```
            'tiles':[tiandituUrl],
            'tileSize':256,
        }
    );
    this.map.addLayer({
        'id':'tiandituLayer',
        'source':'tianditu-tile',
        'type':'raster',
        'minzoom':0,
        'maxzoom':18
    })
}
```

6.4.3.3 添加栅格数字高程图层示例

此示例调用了 Mapbox 提供的数字高程数据。

```
showRasterDem(){
    this.map.addSource(
        "mapbox-terrain-dem-v1",
        {
    "type":"raster-dem",
        "url":"mapbox://mapbox.mapbox-terrain-dem-v1"
        }
    );
    this.map.addLayer({
        'id':'raster-array',
        'source':'mapbox-terrain-dem-v1',
        'type':'hillshade',
    });
}
```

6.4.3.4 添加 geojson 图层示例

此示例代码通过 geojson 文件显示了山东省的边界信息。注意 Mapbox GL 显示的 geojson 文件须严格遵守 geojson 文件规范（https：//geojson.org/）。ArcGis 等软件导出的 esri-json 格式文件在 Mapbox GL 下会报解析错误，需转换成标准 geojson 文件后再进行显示。

```
showGeoJson(){
    this.map.addSource(
        'geojson-test',
        {
            'type':'geojson',
```

```
                'data':'./shandong.geojson'
            }
        );
        this.map.addLayer({
            'id':'geojson',
            'source':'geojson-test',
            'type':'line',
            'minzoom':0,
            'maxzoom':18,
            'paint':{
                'line-width':1,
                'line-color':'#007cbf'
            }
        })
    }
```

使用 nodejs 可以将 esri-json 转换成标准 geojson 文件，需安装 esri2geo 依赖（npm install-save esri2geo）。示例代码如下：

```
const esri2geo=require('esri2geo');
const outPath="D:\\code\\nodejstest\\shandong.geojson";
const fs=require('fs');
try {
    esri2geo('http://localhost:8080/SDbianjie_FeaturesToJSON1.json', function
(err,data){
        fs.appendFile(outPath,JSON.stringify(data),err=>{
            console.log(err);
        });
    });
} catch(err){
    console.error(err);
}
```

6.4.3.5 添加图片图层示例

此示例代码在指定的地理区域内显示出图片。

```
showImage(){
    this.map.addSource(
        'image-test',
        {
            'type':'image',
            'url':'./test.jpg',
```

```
                "coordinates":[
                    [116.6687,36.5370],
                    [116.7687,36.5370],
                    [116.7687,36.4370],
                    [116.6687,36.4370]
                ]
            }
        );
        this.map.addLayer({
            'id':'image',
            'source':'image-test',
            'type':'raster',
        });
}
```

6.4.3.6 添加视频图层示例

此示例代码会在指定的地理区域内显示出视频。

```
showVideo(){
    this.map.addSource(
        'video-test',
        {
            'type':'video',
            'urls':['./test.mp4'],
            "coordinates":[
                [116.6687,36.5370],
                [116.7687,36.5370],
                [116.7687,36.4370],
                [116.6687,36.4370]
            ]
        }
    );
    this.map.addLayer({
        'id':'video',
        'source':'video-test',
        'type':'raster',
    })
}
```

6.4.4 标签和控件

Mapbox GL 的标签类有标签（Marker）和弹窗（Popup），控件类有版权控件

（AttributionControl）、全屏控件（FullScreenControl）、定位控件（GeolocateControl）、导航控件（NavigationControl）、比例尺控件（ScaleControl）。

6.4.4.1 标签

Mapbox GL 默认提供蓝色气泡样式的标签，通过设置 color 属性可改变气泡颜色，通过为 element 属性设置 HTML Dom 对象，可实现自定义标签图片。示例代码如下：

```
//自定义标签图片
showCustomMarker(){
    let marker=new mapboxgl.Marker({
        element:document.getElementById("green-circle"),
        draggable:true
    });
    marker.setLngLat([116.6687,36.5370]).addTo(this.map);
},
//默认标签
showDefaultMarker(){
    let marker=new mapboxgl.Marker({
        color:'#FFFF00'
    });
    marker.setLngLat([116.7687,36.5370]).addTo(this.map);
}
```

6.4.4.2 弹窗

弹窗与标签类似，都能够在指定的位置显示内容。与标签不同的是，弹窗支持灵活关闭。弹窗可以与标签结合使用，实现点击标签并弹出弹窗。示例代码如下：

```
//实现点击鼠标左键弹出弹窗
showPopup(){
    let vue=this;
    this.map.on('click',(e)=>{
        const point=e.lngLat;
        let popupString='点击位置:[lng,lat]';
        popupString=popupString.replace('lng',point.lng.toFixed(2));
        popupString=popupString.replace('lat',point.lat.toFixed(2));
        new mapboxgl.Popup({ offset:[0,-10],className:'my-class'})
            .setLngLat(point)
            .setHTML(popupString)
            .setMaxWidth("250px")
            .addTo(vue.map);
    });
}
```

6.4.4.3 版权控件

此控件用于在地图视图底部显示版权信息，有 2 个属性：compact 和 customAttribution。compact 默认值为 false，表示版权信息不折叠，显示全文；设置为 true 时，版权信息折叠显示，点击后显示全文。customAttribution 值可以是字符串或字符串数组，字符串可以是 html 代码。示例代码如下：

```
showAttributeControl(){
    this.map.addControl(new mapboxgl.AttributionControl({
        customAttribution:['<span style="color:blue;">版权控件测试<span/>','<span style=
"color:red;">版权属于作者<span/>']
    }));
}
```

6.4.4.4 全屏控件

全屏控件功能与浏览器的快捷键 F11 相同，点击后可实现浏览器窗口的最大化。

```
//显示全屏控件
showFullScreenControl(){
    this.map.addControl(
        new mapboxgl.FullscreenControl({
            container:document.querySelector('body')
        })
    );
}
```

6.4.4.5 定位控件

定位控件在地图上显示一个定位按钮，点击后调用浏览器的定位 API 来获取用户当前所在的位置，并显示在地图上。注意不是所有浏览器都提供定位接口，像 Chrome 等浏览器要求网站通过 HTTPS 提供服务才能使用定位功能。定位控件有 2 种模式：一是 trackUserLocation 为 false（默认设置）。点击控件时，将地图定位到用户位置；如果用户移动，地图不会更新；这种模式最适合桌面端使用。二是 trackUserLocation 为 true。控件点击激活后，会主动监控用户位置的变化。示例代码如下：

```
//显示定位控件
showGeoLocationControl(){
    this.map.addControl(new mapboxgl.GeolocateControl({
        positionOptions:{
                enableHighAccuracy:true
        },
        trackUserLocation:true,
        showUserHeading:true
    }));
}
```

6.4.4.6 导航控件

导航控件会在地图上显示一个组合按钮，包括放大（+）、缩小（—）和指南针。放大或缩小按钮点击后会放大地图或缩小地图。指南针表示当前地图正北的朝向。同时按下 ctrl 键和鼠标左键，通过拖动旋转地图，可以看到指南针方向的改变。示例代码如下：

```
//显示导航控件
showNavigationControl(){
    let navCtl=new mapboxgl.NavigationControl();
    this.map.addControl(navCtl,'top-left');
}
```

6.4.4.7 比例尺控件

比例尺控件用于在地图上显示当前比例尺，可以通过参数指定比例尺最大显示长度（以像素为单位）和长度单位类型（英制、公制或海里制）。示例代码如下：

```
//显示比例尺控件
showScaleControl(){
    let scaleCtl=new mapboxgl.ScaleControl({
        maxWidth:100,
        unit:'metric'
    });
    this.map.addControl(scaleCtl);
}
```

6.4.5 地理和几何对象

在 Mapbox GL JS 中，地理对象和几何对象是地图数据的基本组成部分，分别用于表示位置和形状。

6.4.5.1 LngLat

LngLat 对象表示经纬度坐标，单位是度，参数顺序是经度、纬度。示例代码如下：

```
//创建经纬度坐标对象
new mapboxgl.LngLat(116.6687,36.5370);
```

6.4.5.2 LngLatBounds

LngLatBounds 对象表示一个地理边界框，由西南点和东北点的经度与纬度定义。经度值通常设置在 −180—180；但如果 renderWorldCopies 设置为 true，则可以超过这个范围。纬度值必须在−85.051 129—85.051 129。示例代码如下：

```
//创建地理边界框
let southWest=new mapboxgl.LngLat(112.6687,34.5370);
let northEast=new mapboxgl.LngLat(120.27787,38.7470);
let bounds=new mapboxgl.LngLatBounds(southWest,northEast);
```

6.4.5.3 LngLatLike

LngLatLike 也是 LngLat 对象，表示成经纬度组成的数组形式，或者有 lng 属性和 lat 属性的对象形式。示例代码如下：

```
//两种 LngLatLike 表示方式
let arrayLngLat=[116.6687,36.5370];
let objectLngLat={lon:116.6687,lat:36.5370};
```

6.4.5.4 LngLatBoundsLike

LngLatBoundsLike 是 LngLatBounds 对象，表示成 LngLatLike 类型的数组 [southWest, northEast]，或者 4 个值的数组 [west, south, east, north] 形式。示例代码如下：

```
//两种 LngLatBoundsLike 表示方式
let bounds1=[[112.6687,34.5370],[120.27787,38.7470]];
let bounds2=[112.6687,34.5370,120.27787,38.7470];
```

6.4.5.5 MercatorCoordinate

MercatorCoordinate 对象表示的是在 Web 墨卡托投影（EPSG：3857）下的坐标，坐标原点在西北角，坐标由 x、y、z 3 个坐标表示。示例代码如下：

```
let mercatorCor=new mapboxgl.MercatorCoordinate(0.5,0.5,0);
```

6.4.5.6 Point

Point 对象表示屏幕上的一个点，单位是像素。示例代码如下：

```
let point=new mapboxgl.Point(177,318);
```

6.4.5.7 PointLike

与 Point 意义相同，只是将坐标直接表示为数字形式。示例代码如下：

```
let point=[177,318];
```

6.4.6 用户交互处理程序

用户交互处理程序用于控制地图对不同用户输入的响应。每种交互程序都可以通过 enable () 打开，通过 disable () 关闭。

6.4.6.1 BoxZoomHandler

按下键盘 shift 键和鼠标左键，拖拽形成框选区域，松开鼠标后实现选中区域的放大。示例代码如下：

```
this.map.boxZoom.disable(); //关闭框选交互功能
this.map.boxZoom.enable(); //打开框选交互功能
```

6.4.6.2 DoubleClickZoomHandler

双击鼠标左键，实现地图放大。示例代码如下：

```
this.map.doubleClickZoom.disable(); //禁用双击放大功能
```

```
this.map.doubleClickZoom.enable();//启用双击放大功能
```

6.4.6.3 DragPanHandler

按下鼠标左键，拖拽鼠标实现地图移动。示例代码如下：

```
this.map.dragPan.disable();//禁用拖拽
this.map.dragPan.enable();//启用拖拽
```

6.4.6.4 DragRotateHandler

按下 ctrl 键和鼠标左键，或者按下鼠标右键，实现地图旋转。示例代码如下：

```
this.map.dragRotate.disable();//禁用旋转
this.map.dragRotate.enable();//启用旋转
```

6.4.6.5 KeyboardHandler

控制所有键盘快捷键打开和关闭。示例代码如下：

```
this.map.keyboard.disable();//关闭键盘快捷键
this.map.keyboard.enable();//打开键盘快捷键
```

6.4.6.6 ScrollZoomHandler

通过滚动鼠标滚轮实现地图放大缩小。示例代码如下：

```
this.map.scrollZoom.disable();//关闭滚轮滚动放大缩小功能
this.map.scrollZoom.enable();//打开滚轮滚动放大缩小功能
```

6.4.6.7 TouchPitchHandler

用于手机等触摸设备，实现通过两个手指同时向上滑动或向下滑动，控制地图倾斜。示例代码如下：

```
this.map.touchPitch.disable();//关闭手指控制倾斜功能
this.map.touchPitch.enable();//打开手指控制倾斜功能
```

6.4.6.8 TouchZoomRotateHandler

用于手机等触摸设备，通过两个手指捏合，实现地图放大、缩小和旋转。示例代码如下：

```
this.map.touchZoomRotate.disable();//关闭手指捏合控制放大缩小和旋转
this.map.touchZoomRotate.enable();//打开手指捏合控制放大缩小和旋转
```

6.5 CesiumJS 框架

Cesium 是创建 3D 地理空间应用的基础开放平台，包括多个工具：Cesium ion、CesiumJS、Cesium for Unity、Cesium for Unreal、Cesium for Omniverse、Cesium for O3DE。

Cesium ion 提供了在线的切片流水线，用于将点云、摄影测量、BIM 或其他 3D 数据切片成 3D 瓦片形式，以便前端访问。

CesiumJS 是一个开源 JavaScript 库，用于在网页上进行 3D 可视化展示。

Cesium for Unity 为 Unity 生态系统提供了全尺度、高精度（WGS84）全球地图和运行时 3D 瓦片引擎。

Cesium for Unreal 是第一个在游戏引擎中实现高精度（WGS84）全球地图的产品，将 Cesium 的真实世界细节和精确度带入模拟环境。

Cesium for Omniverse 是一个为 NVIDIA Omniverse 提供 3D 地理空间功能的扩展。

Cesium for O3DE 为开源 Open 3D Engine（O3DE）提供了全尺度、高精度（WGS84）全球地图，以及运行时的 3D 瓦片引擎。

CesiumJS 框架功能丰富，但代码较多，有 500 多个类。本书仅对常用的关键类进行讲解，其他类的使用可参考 Cesium 官方网站（https：//cesium. com/learn/cesiumjs/ref-doc/）。

本节所有示例代码均在 VUE3.0 框架下实现，使用的 Cesium 版本号为 1.121.1。

6.5.1 Viewer

Cesium 架构的核心对象是 Viewer。Viewer 是构建应用程序的基础部件，可以通过使用混入（mixin）来扩展其功能。Viewer 也需要一个 DOM 对象来渲染（container），并通过选项定制化功能和界面，适应不同的应用需求。部分常用选项如下：

（1）**animation** 是否显示动画控件。允许用户控制时间流逝。

（2）**timeline** 是否显示时间轴控件。用户可以通过时间轴查看随时间变化的数据。

（3）**fullscreenButton** 是否显示全屏按钮。用户可以通过全屏按钮将视图切换到全屏模式。

（4）**geocoder** 是否启用地理编码器。启用地理编码器后，允许用户通过输入地点名称进行快速定位。

（5）**homeButton** 是否显示主页按钮。用户通过主页按钮可以快速返回到默认视图。

（6）**sceneModePicker** 是否显示场景模式选择器。通过选择器，用户可以在 2D 模式、3D 模式或鸟瞰模式之间切换。

（7）**selectionIndicator** 是否显示选择指示器。指示器可标识用户选择的对象。

（8）**infoBox** 是否显示信息框。信息框会展示用户点击对象的详细信息。

（9）**navigationHelpButton** 是否显示导航帮助按钮。导航帮助按钮可提供用户导航和操作的提示。

（10）**imageryProviderViewModels** 用户可以选择不同的影像图层来源，如卫星图层、地图层等。

（11）**terrainProvider** 指定地形数据源，用于提供地形信息。

（12）**selectedEntity** 默认选中的实体对象，用于在加载视图时高亮显示。

（13）**showRenderLoopErrors** 是否在控制台中显示渲染循环错误，方便调试。

（14）**sceneMode** 初始化时的场景模式，可以选择 2D 模式、3D 模式或鸟瞰模式。

（15）**imageryProvider** 指定默认的影像图层提供者。

（16）**selectedImageryProviderViewModel** 在初始化时，选择影像图层模型。

(17) selectedTerrainProviderViewModel 在初始化时，选择地形提供者模型。

(18) orderIndependentTranslucency 启用或禁用顺序独立半透明效果。启用后，在处理多个重叠的半透明对象时，可以避免视觉伪影。

(19) shadows 是否启用阴影效果，增强场景的真实感。

(20) contextOptions 自定义 WebGL 上下文选项，如抗锯齿等。

创建 Viewer 的示例代码：

```
createViewer(){
    Cesium.Ion.defaultAccessToken='your token'
    this.viewer=new Cesium.Viewer("map",{
        terrain:Cesium.Terrain.fromWorldTerrain({
            requestWaterMask:true,
            requestVertexNormals:true,
        })
    });
}
```

Cesium 还提供了一个 Viewer 的轻量级替代品——CesiumWidget，能够提供基本渲染、自定义控件、场景管理、事件处理等功能，但不提供动画、影像选择等功能。CesiumWidget 渲染性能高，适合需要自定义视图的应用。

6.5.2 Scene

Scene 是 Cesium 中的核心类之一，通常是在创建 Viewer 时自动生成；Scene 代表了一个三维场景，用于渲染地球、模型、图层等。Scene 提供了对场景中对象控制、相机管理、光照效果等功能。

Scene 的关键属性有：

(1) camera 控制场景中相机的位置、方向和视角，提供移动、旋转和缩放等移动方法。

(2) globe 代表地球表面，包含地形和影像图层，允许设置地球的材质和其他属性。

(3) primitives 存储 Primitive 对象的集合，用于管理和渲染简单的几何图形。

(4) entities 管理 Entity 对象的集合，提供更高层次的抽象，便于处理复杂对象。

(5) sun 表示太阳的位置，影响光照和阴影效果。

(6) skyBox 设置天空盒的属性，用于渲染场景背景。

(7) sceneMode 控制场景的渲染模式，如 2D 视图、3D 视图或地球视图。

(8) screenSpaceCameraController 控制相机在屏幕空间中的行为，如平移和缩放。

(9) show 控制场景的可见性。

Scene 的关键方法有：

(1) render() 渲染当前帧，通常在内部自动调用，但也可以手动调用以控制渲染时机。

(2) resize() 调整场景大小，通常在窗口大小变化时调用，以确保场景正确渲染。

（3）destroy()　释放与场景相关的所有资源，适用于清理操作。

（4）update()　更新场景状态，通常在每帧渲染前调用。

（5）pick()　在指定的屏幕坐标处进行拾取，返回与场景交互的对象信息。

（6）pickPosition()　返回指定屏幕坐标处的世界坐标，适用于获取地面位置。

（7）getMaximumScreenSpaceError()　获取当前最大屏幕空间误差值，通常用于评估场景精度。

6.5.3 Camera

Camera 是 Cesium 控制视图和导航的核心组件，负责管理用户的观察位置和视角，由位置、方向和视锥体定义。

位置由经纬度和高程 3 个参数确定，其中高程的单位是米。

方向由航向（heading）、俯仰（pitch）和滚转（roll）3 个参数确定，单位是弧度。航向正值表示相机顺时针旋转（向东），负值表示相机逆时针旋转（向西）；俯仰正值表示相机向上倾斜、视角抬高，负值表示相机向下倾斜、视角降低；滚转正值表示相机围绕其视线顺时针旋转（向右倾斜），负值表示相机围绕其视线逆时针旋转（向左倾斜）。

视锥体可以设置的参数主要有近裁剪面（near）、远裁剪面（far）、视场角（fov）和宽高比（aspectRatio）。近裁剪面表示视锥体与摄像机的最近距离，比这个距离更近的画面将被剪除；远裁剪面表示视锥体与摄像机的最远距离，比这个距离更远的画面将被剪除；视场角表示视锥体的视场角，单位是弧度，取值范围是［0，Pi）；宽高比是视口的宽高比值。

Camera 设置的示例代码如下：

```
this.viewer.camera.frustum.fov=Cesium.Math.toRadians(80);
this.viewer.camera.frustum.near=0.1;
this.viewer.camera.frustum.far=100000000;
this.viewer.camera.frustum.aspectRatio=this.viewer.canvas.clientWidth / this.viewer.canvas.clientHeight;
this.viewer.camera.setView({
    destination:Cesium.Cartesian3.fromDegrees(120.6454,37.1758,10000000),
    orientation:{
        heading:Cesium.Math.toRadians(0.0),
        pitch:Cesium.Math.toRadians(-80.0),
        roll:Cesium.Math.toRadians(0.0)
    }
});
```

Camera 提供了多种移动函数，包括平移（move、moveDown、moveUp、moveLeft、moveRight、moveBackward、moveForward）；旋转（rotate、rotateDown、rotateUp、rotateLeft、rotateRight）；缩放（zoomIn、zoomOut）。

6.5.4 Providers

Cesium 提供了多种 Provider 来处理不同的影像和地形来源。

常用的影像提供者有：

(1) UrlTemplateImageryProvider 根据 URL 模板加载影像，适用于自定义影像服务。

(2) WebMapTileServiceImageryProvider 支持 WMTS 标准，能够从符合该标准的服务中加载影像。

(3) ArcGisMapServerImageryProvider 从 ArcGIS Map Server 加载影像，支持多种地图样式。

(4) GoogleEarthImageryProvider 提供 Google Earth 影像。

常用的地形提供者有：

(1) EllipsoidTerrainProvider 提供一个简单的椭球体地形，适用于基础应用。

(2) TerrainMapService 从地形地图服务加载高程数据，支持高精度地形。

(3) CesiumTerrainProvider 用于加载 Cesium 官方的地形服务数据，适合高分辨率的地形展示。

以调用天地图服务为例，因为天地图服务采用的是 WMTS 标准，所以使用 WebMapTileServiceImageryProvider 来实现地图调用。示例代码如下：

```
let tianditu=new Cesium. WebMapTileServiceImageryProvider({
url :' http://t0. tianditu. gov. cn/img_w/wmts? SERVICE=WMTS&REQUEST=GetTile&VERSION=1. 0. 0&LAYER=img&STYLE=default&TILEMATRIXSET=w&FORMAT=tiles&TILEMATRIX={TileMatrix}&TILEROW={TileRow}&TILECOL={TileCol}&tk=your token',
        layer :' tianditu',
        style :' default',
        tileMatrixSetID :' EPSG:900913',
        maximumLevel :18,
        format :' image/png',
        credit :new Cesium. Credit(' My tianditu test'),
});
this. viewer. imageryLayers. addImageryProvider(tianditu);
```

6.5.5 Entities

Entity 类是 CesiumJS 中描述和呈现地球上实体对象的核心类，是用于数据驱动可视化的高层次 API。它为开发者提供了简单且一致的方式来管理和呈现地理空间数据。Entity 类的设计目标是将复杂的可视化对象聚合到一个统一的数据结构中，简化了开发者的工作。使用 Entity 类，开发者可以集中精力处理数据，而无需过多地关注底层的图形渲染细节。

Entity 类具有丰富的属性和方法，用于控制和定制地理实体的外观和行为。Entity 对象可以表示各种地理实体，如点、线、面等；并具有位置、方向、模型、标牌、折线、多边形等属性，通过设置这些属性可以实现定制化显示。此外，Entity 类还提供了其他一些常用的方法和属性，如描述信息、可见性和自定义属性等。通过使用 Entity 类，可以在 Cesium 中创建并定制地球上的实体对象，以实现复杂的地理可视化和交互效果。示例代码如下：

```
//显示多边形
showPolygon(){
    const polygon=this.viewer.entities.add({
        polygon:{
            hierarchy:Cesium.Cartesian3.fromDegreesArray([
                116.6687,36.5370,116.7687,36.5370,116.7687,36.4370,116.6687,36.4370
            ]),
            height:1000,//离地面的高度
            material:Cesium.Color.RED.withAlpha(0.5),
            outline:true,
            outlineColor:Cesium.Color.BLACK,
            zIndex:10
    },
    });
    this.viewer.zoomTo(polygon);
},
//显示立体盒子
showBox(){
    const redBox=this.viewer.entities.add({
        name:"Box example",
        position:Cesium.Cartesian3.fromDegrees(120.6454,37.1758,300000.0),
        box:{
            dimensions:new Cesium.Cartesian3(10000.0,20000.0,50000.0),
            material:Cesium.Color.RED.withAlpha(0.5),
            outline:true,
            outlineColor:Cesium.Color.BLUE,
        },
    });
    this.viewer.zoomTo(redBox);
},
//显示标签
showLabel(){
    const label=this.viewer.entities.add({
        position:Cesium.Cartesian3.fromDegrees(120.6454,37.1758,200),
        label:{
            text:'这是一个标签!',
            font:'24px sans-serif',
            fillColor:Cesium.Color.YELLOW,
```

```
            }
        });
        this.viewer.zoomTo(label);
    },
    //显示标牌
    showBillboard(){
        const billboard=this.viewer.entities.add({
            position:Cesium.Cartesian3.fromDegrees(120.6454,37.1758,200),
            billboard:{
                image:'/logo.png',
                scale:1.5
            }
        });
        this.viewer.zoomTo(billboard);
    }
```

6.5.6 Primitives

Primitive 是 CesiumJS 中用于高效绘制和渲染基本几何图形的功能模块，作用与 Entity 相似。与 Entity 相比，Primitive 以更低级的方式直接与 WebGL 交互，因此能够提供比 Entities 更高的性能和更细致的控制，适用于需要高频率渲染的应用场景。示例代码如下：

```
    //使用 primitive 显示椭圆
    showEllipse(){
        const instance=new Cesium.GeometryInstance({
            geometry :new Cesium.EllipseGeometry({
                center :Cesium.Cartesian3.fromDegrees(119.45171961,36.99208392),
                semiMinorAxis :5000.0,
                semiMajorAxis :10000.0,
                rotation :Cesium.Math.PI_OVER_FOUR,
                vertexFormat :Cesium.VertexFormat.POSITION_AND_ST,
                height:100
            }),
            id:'ellipse'
        });
        this.viewer.scene.primitives.add(new Cesium.Primitive({
            geometryInstances :instance,
            appearance :new Cesium.EllipsoidSurfaceAppearance({
                material :Cesium.Material.fromType('Water')
            })
        }));
    }
```

6.5.7 Cesium3DTileset

3D Tiles 是 CesiumJS 特有的格式，用于高效地流式传输和渲染大规模 3D 空间数据，尤其适用于城市模型、点云数据等。Cesium3DTileset 是 CesiumJS 中用于加载和渲染 3D 瓦片数据的核心组件，无人机倾斜摄影等取得的三维立体模型，可以通过上传到 Cesium 官方网站自动转化成 3D Tiles 格式，进而使用 Cesium3DTileset 展示出来。示例代码如下：

```
async showUav3DModel(){
    try {
        const tileset=await Cesium.Cesium3DTileset.fromIonAssetId(2745965,{
            modelMatrix:Cesium.Transforms.eastNorthUpToFixedFrame(
                Cesium.Cartesian3.fromDegrees(119.45171961,36.99208392),
            ),
        });
        this.viewer.scene.primitives.add(tileset);
        await this.viewer.zoomTo(tileset);
    } catch(error){
        console.log(error);
    }
}
```

7 无人机农业监测应用

无人机已经在农业领域得到了广泛应用。其中，最广泛的应用是无人机农业植保。大疆农业发布的《农业无人机行业白皮书（2023）》显示，截至 2024 年 6 月 30 日，大疆农业无人机的全球保有量超过 30 万台，累计作业面积突破 75 亿亩次。无人机农业监测应用也得到了学术界和产业界的关注，通过无人机能够高效地监测作物健康状况、土壤状况、灌溉需求和病虫害情况等，为科学决策提供高时效数据支持，在解决全球粮食安全问题和农业资源优化利用方面具有很大的应用潜力。

7.1 无人机对地观测载荷

近年来，随着传感器和新材料技术的发展，以及不同类型对地观测需求的增加，无人机对地观测载荷发展迅速。目前，已经发展出可见光相机、多光谱相机、高光谱相机、激光雷达、热像仪等多种类型传感器。这些传感器都可以应用在农业领域，促进了无人机农业监测应用的多元化发展。

7.1.1 可见光相机

7.1.1.1 定义

可见光相机的传感器是一种能够捕捉可见光波段（380～750 nm）的图像传感器。这种相机利用光学原理，通过镜头将外界光线聚焦到图像传感器（如 CMOS 或 CCD）上，从而生成可视图像。

可见光相机接收的光谱与人眼感知的光谱相同，与人眼感知特点相似，可见光相机性能也会受雾、霾、烟、热浪和烟雾等大气条件影响，其应用主要限制在白天和晴朗的天空。

7.1.1.2 参数

无人机机载可见光相机的主要参数有：

(1) 重量　载荷重量应满足配套无人机飞行平台的挂载能力。

(2) 像素（分辨率）　像素是指由一个数字序列表示的图像最小单位；像素越高，图片的数据量越大，相应的图像质量也更高。

(3) 焦距（mm）　可见光相机按焦距不同可分为广角头（0～35 mm）、标准头（36～135 mm）、长焦头（135 mm 以上）；焦距越短，相机呈现的视角也就越大。在进行无人机地面拍摄时，需要根据分辨率要求和镜头焦距来确定飞行高度。

（4）定焦与变焦 可见光相机镜头分为定焦镜头与变焦镜头两类。目前，农业领域无人机搭载的可见光镜头基本都是定焦镜头，变焦镜头在电力领域应用较多。

定焦镜头的优点：画质更好，特别是放大相片后；相机结构更简单，重量更轻，便携性好；稳定性更好，在抖动情况下也能获得较高质量的图像；对焦速度更快，使用定焦镜头可以实现可见光相机数据与激光雷达获得的点云数据的配准。

定焦镜头的缺点：想要改变拍摄对象的成像大小只能通过改变相机与拍摄对象的距离实现。考虑到无人机航摄具有的灵活性，以及部分应用场景对精度的高要求，定焦镜头的缺点可以克服。

（5）视场角 视场角又称视场，可分为水平视场角和垂直视场角，是决定可见光相机视野范围的主要因素。视场角越大，相机采集数据时的覆盖范围也越大。

（6）最小拍照间隔（s） 最小拍照间隔是指相机2次拍照间的最小间隔时间。无人机航拍过程中的拍照间隔应根据无人机飞行速度、飞行高度、视场角等因素综合确定。最小拍照间隔应满足像片重叠率对拍照间隔时间的要求。

7.1.1.3 农业应用

在农业应用领域，无人机携带可见光相机主要用来生成地面正射图或地面三维模型。正射图可用于地块划分、地面作物识别、种植面积测算等任务。三维模型可用于农业园区设计规划、农场数字孪生等应用场景。

7.1.2 多光谱相机

7.1.2.1 定义

多光谱相机是一种能够同时获取光谱特征和空间图像信息的基本设备，是光电成像系统发展的重要方向。多光谱成像系统通常提供3～20个非连续波段的图像，已在农业和食品领域得到了广泛应用。

从成像原理上讲，多光谱成像技术就是把入射的全波段或宽波段的光信号分成若干个窄波段的光束；然后，把它们分别成像在相应的探测器上，从而获得不同光谱波段的图像。

7.1.2.2 组成

不同的多光谱相机，其工作方式、组成、结构不同，但基本组成通常包括以下5个部分：

（1）光学系统 包括透镜和滤光元件，用于聚焦和筛选特定波长的光线。

（2）分光单元 如滤光片阵列、光栅或棱镜，用于将入射光分散成多个波长。

（3）探测与信号预处理单元 通常是CMOS传感器或CCD传感器，用于捕捉经过分光后的光信号并转换为电信号。

（4）数据处理单元 用于处理和分析捕获的图像数据，通常包括图像处理算法和软件。

（5）控制系统 用于控制相机的操作，包括快门速度、曝光时间等设置。

7.1.2.3 分类

按照分光原理的不同，市场上主流多光谱相机可分为两类：

（1）滤光片阵列相机 使用多个不同波长的滤光片，逐个波段获取图像，每个滤光片只能捕捉特定波段的光线。优点是结构设计相对简单，易于实现，制造成本通常较低，体积较小，可以方便地集成到无人机系统中；缺点是成像速度较慢，波段数量和分辨率相对较低，对光照条件比较敏感，可能影响成像质量。

（2）光谱分光相机 利用光谱分光器（如棱镜或光栅）将光分解为多个波长，然后通过传感器同时捕捉不同波段的图像。优点是光谱分辨率较高，成像速度快，可以在较短时间内获取多个波段的图像，能够覆盖更广的光谱范围；缺点是光学设计和制造过程相对复杂，导致成本增加，光学系统体积较大，不利于缩小相机尺寸。

7.1.2.4 性能参数

（1）光谱分辨力 光谱分辨力是指传感器的探测单元在接收地面目标辐射光谱时，能分辨的最小波长间隔。波长间隔越小，光谱分辨力越高。设备的光谱分辨力依赖于系统分光器和探测元件，现代高性能的成像光谱仪的光谱分辨力可以做得非常高。

（2）空间分辨力 空间分辨力是指在遥感图像上能记录并能区分出来的相邻两个点目标间的最小距离，表征对地面目标细节的分辨能力。

（3）波段数量 波段数量表示相机能够捕捉的光谱波段数量，通常为几个到几十个波段。波段的选择直接影响数据的丰富性和应用范围。

（4）光谱范围 光谱范围是指相机所能捕捉的光谱波长范围（如 400～1 000 nm），影响其在不同应用场景中的适用性。

（5）动态范围 动态范围是指相机能够捕捉的最亮信号和最暗信号之间的比例，通常以分贝（dB）表示。动态范围越大，能够处理高对比度场景的能力越强。

（6）重量和体积 重量和体积对便携式应用和无人机挂载应用有较大的影响。

7.1.2.5 农业应用

目前，农业生产过程仍以目视检查作为决策的直接依据。但是，人眼所能感知的内容是有限和主观的。有许多问题表征不仅超出了人类的视觉，也超出了传统的 RGB 彩色成像表达范畴。

国外规模化农场已经开始趋向于使用无人机搭载多光谱相机，来帮助实现高效率、低成本、高精度的农作物长势和病虫草害监测，以及土壤生产力评估。

在农产品检测和分级领域，多光谱相机也获得了广泛应用。多光谱成像可以提供可见光波长和不可见光波长的组合，来测量和分析外在特征（如颜色、质地、表面损伤、形状和大小）和内在特征（如矿物质含量、成熟度、水分含量、糖含量和脂肪含量）。

7.1.3 高光谱相机

7.1.3.1 定义

高光谱相机是一种能够在广泛的光谱范围内（通常从可见光到近红外波段或更远的红外波段）捕捉图像的成像设备。与传统的多光谱相机相比，高光谱相机提供了更高的光谱分辨率，能够获取数十个到数百个狭窄波段的光谱数据。这种高分辨率使得高光谱相机能够更精确地识别和分析物体的光谱特性，从而在多种应用中发挥了重要作用。高光谱相机与多光谱相机的区别主要在于：

（1）光谱分辨率不同 多光谱成像光谱分辨率一般在 10 nm 以上，高光谱成像光谱分辨率一般在几个纳米。

（2）波段数不同 多光谱成像技术通常有 3～20 个离散波段。多光谱相机的参数通常用有几个波段、每个波段的中心频率是多少来描述。高光谱成像技术一般有 100 个波段以上，使用一段或者多段连续的波长范围，具有固定的步长。例如，某高光谱相机波长范围 400～1 100 nm，步长为 1 nm。

7.1.3.2 分类

目前，市场上的高光谱相机按照实现原理可以分为光谱扫描、快照成像、点扫描、线扫描、面扫描。

（1）光谱扫描 通过改变光谱分离元件（如滤光片或光栅）的参数（如角度或位置）来逐步扫描不同波长的光，每次扫描得到一个波长范围内的图像序列，最终合成一个完整的高光谱数据立方体。其特点是需要一定时间完成整个波长范围的扫描，适合静态场景。

（2）快照成像 在一次曝光中同时获取所有波长的光谱信息，通常使用滤光片阵列或谐振光栅阵列实现。其特点是成像快、适合动态场景，但是通常光谱分辨率低、波长覆盖范围有限。

（3）点扫描 通过光束在目标物体上逐点扫描，每个点的光谱信息通过一个探测器获取，需要移动光源或探测器来覆盖整个成像区域。其特点是成像速度较慢，适用于高精度光谱分析，特别是在实验室条件下的样品检测。

（4）线扫描 也称推扫成像，是通过一个线性探测器阵列获取目标物体的一行图像，并通过相对运动（如飞机、卫星的飞行）扫描整个成像区域。每个线性探测器阵列可同时捕获多个波长的光谱信息。其特点是成像速度快、能在短时间内覆盖大范围区域，适合大面积、高分辨率成像，广泛用于航空和卫星遥感。

（5）面扫描 通过二维探测器阵列获取整个图像，通常通过机械扫描镜在水平方向和垂直方向上移动实现。其特点是扫描速度相对较慢，适合静态或缓慢移动的目标，适用于需要高空间分辨率的应用。

7.1.3.3 农业应用

高光谱相机能够获取一定波段范围内的连续光谱数据，可以形成一条较为平滑的光谱曲线，以便更容易地发现目标的光谱差异。因此，通过高光谱数据能够更早地发现作物病虫害、干旱胁迫等问题，进行预测预报，以及时进行干预、减少损失。

高光谱相机价格较昂贵，目前在科研领域应用更多，而生产领域应用较少。无人机机载高光谱设备重量较大，一般在几千克以上，需要用中大型无人机进行挂载。

7.1.4 激光雷达

7.1.4.1 定义

激光雷达（Laser Radar）是以发射激光束探测目标的位置、速度等特征量的雷达系统。

激光雷达基本原理：通过向被测目标发射探测信号（激光束），然后测量反射或散射信号的到达时间、波束指向、频率变化等参数，来确定目标的距离、方位和运动状态等信息，并生成多维信息图像。由于其具有较高的角度、速度和距离分辨率，有助于获得清晰的目标图像和同时跟踪多个目标物体。

7.1.4.2 组成

激光雷达通常可分为激光发射模块、激光接收模块和信号控制处理模块 3 个部分。其中，激光发射模块由激光器、发射光学系统组成；激光接收模块由接收光学系统、光学滤光装置、光电探测器构成；信号控制处理模块负责对回波信号进行处理，通过提取目标的速度、距离、反射率等信息生成目标物体的三维图像。

7.1.4.3 分类

根据激光线束数量，激光雷达可以分为 2D 激光雷达和 3D 激光雷达。

（1）2D 激光雷达 一次扫描只产生一条扫描线，获得 2D 平面数据信息。其优点是结构简单，测距速度快，性能稳定；缺点是无法完成复杂地形环境的三维建模，且容易出现数据失真和虚报等现象。

（2）3D 激光雷达 一次扫描产生多条扫描线，能够获得环境的深度信息。3D 激光雷达的优点是能够获得丰富的三维信息；缺点是成本较高、数据处理复杂，部分依赖机械部件的机型易受磨损和故障影响。

依据装置内部有无旋转部件，激光雷达可以分为机械旋转式、混合式、全固态。

（1）机械旋转式激光雷达 激光雷达装置内部的发射光源在竖直面进行线阵排布，从而产生不同指向的激光光束；再通过步进电机带动发射部件进行旋转，从而由线变面，实现对目标物体的 3D 探测扫描。其优点是测量精度高，且能够实现 360°全方位探测；缺点是体积相对较大，且价格较高。

（2）混合式激光雷达（MEMS） 由微机电系统和振镜组成，工作时驱动电路驱动振镜旋转；激光束在旋转振镜的反射下实现扫描，然后经发射单元准直后射出。其优点是技术相对成熟，相对于机械旋转式，混合式具有相对较低的成本；缺点是由于光路结构较复杂，且存在微振镜振动问题，雷达装置部件的寿命受到一定的影响限制。

（3）全固态激光雷达 该类型激光雷达完全取消了机械扫描结构，完全通过电子方式实现水平方向和垂直方向的激光扫描。其优点是结构简单，体积小，扫描速度快，且成本相对较低，比较适合量产应用；缺点是扫描角度有限，且因接收面大导致信噪比差。

7.1.4.4 农业应用

无人机与激光雷达系统结合，可以满足大面积田间作物三维表型数据的采集需求，与高分辨率相机、高（多）光谱成像传感器等互为补充，为农作物的调查、监测、管理等提供数据支撑。

目前，激光雷达在作物表型组学研究领域得到了广泛应用。在田间作物表型采集方面，使用无人机及自走机器人搭载激光雷达搭建田间作物表型平台，能够很好地满足田间作物表型信息采集的需求，解决人工手动测量方式耗时、耗力、数据客观性差等问题。

7.1.5 热像仪

7.1.5.1 定义

热像仪，也称为红外热成像相机，是一种利用红外辐射来生成物体温度分布图的设备。

热像仪通过探测物体发出的红外辐射（即热辐射）来生成图像。所有物体只要温度高于绝对零度（−273.15 ℃），都会发出红外辐射。热像仪内部的红外探测器捕捉这些辐射，并将其转换为电信号，再经过处理生成可视化的热图像。其中，不同的颜色或灰度级表示不同的温度。

7.1.5.2 分类

热像仪按照工作波段可以分为：

（1）短波红外（SWIR，1～3 μm）**热像仪** 适用于高温物体的检测和透过某些材料（如玻璃）的观察。

（2）中波红外（MWIR，3～8 μm）**热像仪** 适用于检测中等温度物体，具有较好的灵敏度和分辨率，常用于工业和军事领域。

（3）长波红外（LWIR，8～14 μm）**热像仪** 适用于低温物体检测，具有较好的环境适应性，广泛用于工业、建筑、消防和医学等领域。

按照成像技术可以分为：

（1）扫描式热像仪 使用机械扫描装置，将红外辐射聚焦到探测器上生成图像，结构复杂，但分辨率高。

（2）焦平面阵列（FPA）**热像仪** 使用由多个红外探测元件组成的阵列，直接生成图像。其特点是响应速度快、技术成熟，是目前主流的成像技术。

7.1.5.3 农业应用

热像仪可测定农作物表面温差变化，及时反映作物光合作用、蒸散速率等响应环境变化的敏感因子，主要用于进行病虫害、缺水等作物胁迫状态监测。例如，病虫害会使植物蒸腾作用和代谢活动受到影响，进而显示出不同的热分布图；缺水的植物会关闭气孔、减少蒸腾，从而显示出较高的温度。

7.2 无人机农业监测应用场景

7.2.1 农业用地信息获取

7.2.1.1 场景描述

及时准确的农业用地信息是农业信息化和现代化发展的重要前提，是农业智能装备发展的基础数据之一，也对宏观农业政策制定、农业规划和管理、农业资源保护及可持续发展具有重要的战略意义。

传统农业用地信息获取以人工测量方式为主，使用测量工具（如皮尺、测量轮、全站仪等）对农田进行面积、边界和地形测量。人工测量耗时、耗力，但能提供较为准确的地块信息。

现代无人机配备有高精度 GPS 系统或 RTK（实时动态差分定位）系统，能够精确定位农田的各个区域，提供高精度的地理信息。配置的高分辨率摄像头，可以拍摄高清图像和视频，捕捉农田细节信息。同时，无人机能够在短时间内覆盖大面积农田，与人工测量相比，可显著提高数据采集效率。

7.2.1.2 应用研究案例

（1）案例 1 Hao Lu 等（2023）提出了一种基于无人机遥感图像和深度学习技术的农田边界提取方法。采用大疆精灵 4 RTK 无人机，并搭载 RGB 相机和实时动态全球导航卫星系统（RTK-GNSS）；其中，相机有效像素数为 2 000 万，最大图像分辨率为 5 472×3 078 像素。RTK-GNSS 可以提供水平定位精度为 1 cm+1 ppm（RMS）、垂直定位精度为 1.5 cm+1 ppm（RMS）的定位信息。无人机飞行速度设置为 2 m/s，飞行高度为 25 m，飞行路径和纵向重叠率设置为 70%。为了获取边界，实验人员设计了一种改进的语义"分割网络 AttMobile-DeeplabV3+"进行图像分割；之后，使用边界跟踪功能来跟踪二值图像的边界；最后，采用最小二乘法获得拟合的边界线。

该研究通过对有作物覆盖和无作物覆盖农田进行试验，验证了方法的有效性。试验结果显示，在有作物覆盖和无作物覆盖的农田中，网络的交并比（IoU）分别为 93.25%和 93.14%，有作物覆盖农田的像素准确率（PA）为 96.62%，提取的边界线的平均垂直误差和平均角度误差分别为 0.039 和 1.473°。图 7-1 为不同方法边界分割结果的比较。该研究提供了大量准确的数据支持，为自主农业机械的定位和路径规划提供了技术支持。

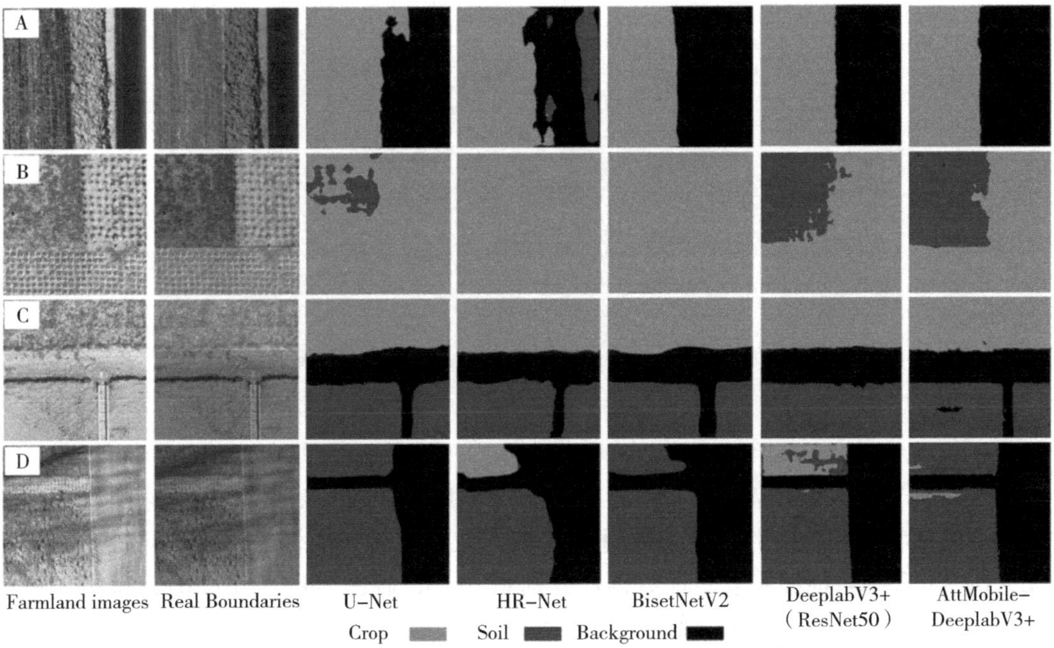

图 7-1 不同方法边界分割结果的比较（Hao Lu，2023）

（2）案例 2 Thuan Ha 等（2020）针对不规则大小和间距的田间地块，提出了一种基于无人机遥感图像的边界提取方法。在植被生长高峰阶段，采用大疆经纬 M600 无人机，并搭载 Micasense RedEdge 3 多光谱相机进行图像采集，飞行高度 30 m，选择 80%的正面和 80%的侧面图像重叠。采用 ArcMap（ESRI Inc. 10.7）从相机多光谱图像的 RGB 波段合成 RGB（红色、绿色和蓝色）颜色正射图。使用 Pix4DMapper Pro（Pix4D SA）进行图像匹配、捆绑块调整、辐射校准和正射图生成（栅格）。

研究人员在 eCognition 软件中编制了一个半自动工作流程，以提取扁豆种植地块边界。从无人机多光谱图像中提取了归一化植被指数（NDVI），用于定位有植被和没有植被或植被不浓密的地块；并根据地块大小和方向进行像素调整，以绘制地块边界。田块的边界地图如图 7-2 所示，共有 4 836 个地块被检测并分割。

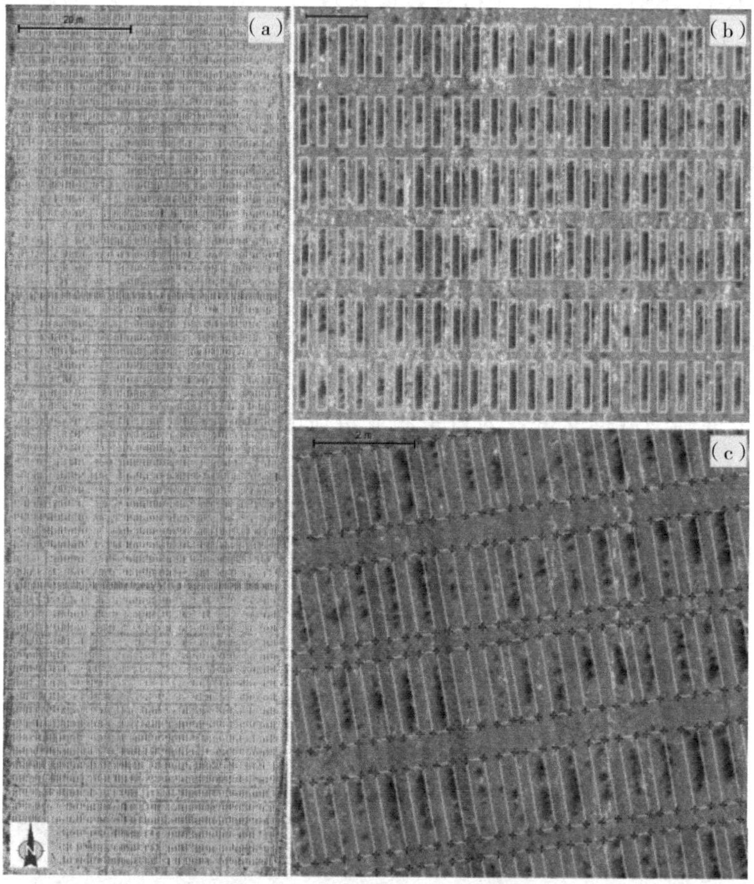

图 7-2　田块的边界地图（Thuan Ha，2020）

（3）案例 3　Shikun Wu 等（2023）基于无人机多光谱影像和深度学习技术对我国南方典型不同作物生长阶段的耕地地块进行提取。该研究使用大疆 Phantom 4 多光谱四旋翼无人机（UAV），能够采集 6 种数据，分别是 RGB、蓝色（450±16nm）、绿色（560±16 nm）、红色（650±16 nm）、红边（730±16 nm）和近红外（840±26 nm）。飞行高度在海拔 189～190 m，飞行设置 75%的航向重叠率和 70%的侧向重叠率。飞行速度为 8 m/s，传感器镜头垂直于地面，拍摄时间间隔为 2 s。反射率数据通过 Pix4DMapper 软件进行拼接，获得研究区域的蓝色（B）、绿色（G）、红色（R）、红边（RE）和近红外（NIR）图像，以及 DSM 栅格地图。DSM 栅格地图被进一步处理以获得坡度栅格地图（Slope）。之后，通过数据融合获得了 2 种类型的数据：一是 B、G、R、RE、NIR 和 DSM 图像的融合，以获得带有 DSM 的多光谱融合数据；二是 B、G、R、RE、NIR 和坡度图像的融合，以获得带有坡度信息的多光谱融合数据。

该研究采用 U-Net++网络进行地块识别，并从研究区域的耕地大小、耕种模式、光谱特征和地形4个角度进行对比试验。提取结果如图7-3所示。结果表明，整体精度（OA）为95.9%，Kappa系数为89.2%，交并比（IoU）为95.7%。该方法还在提取同一年8月、11月和12月的多个作物生长阶段的耕地分布图时展现出显著结果，平均整体精度为96.9%，平均Kappa系数为89.5%，平均IoU为96.7%。该研究为我国南方或具有类似特征地区多个作物生长阶段的耕地地块提取提供了宝贵的参考。

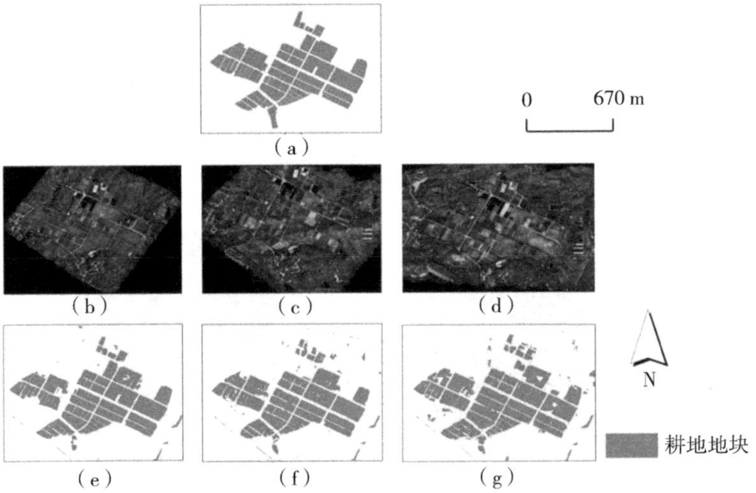

图7-3　不同时间段地块提取结果（Shikun Wu，2023）

（4）案例4　Jingrui Pan等（2023）研究了基于无人机高分辨率图像构建农田基础设施水平的评价指标体系。以黄河三角洲中农田基础设施水平存在较大差异的垦利区作为研究区域，从高分辨率无人机图像中提取农田基础设施信息，进行定性分析和定量评估。

该研究采用大疆Matrice600PRO六旋翼无人机，配备有高精度和高稳定性的GPS导航系统，搭载了Sequoia多光谱相机，飞行高度为100 m，速度为8.7 m/s，地面分辨率为4.4 cm/pixel。无人机图像采用Pix4D Mapper 4.4.12软件进行拼接、辐射校正和地理坐标对齐，采用ENVI 5.3软件选择图像的近红外、红色和绿色波段进行RGB伪彩色合成和图像裁剪，以生成每个观测样本区域的图像。采用eCognition软件对图像进行分类识别。

该研究建立了一个农田基础设施评价指标体系，包括农田道路、田块、沟渠和林带4个方面的10个指标，采用100 m×100 m的网格方法划分评价单元。采用综合指数技术计算每个单元的农田基础设施得分，并确定出每个单元的优秀、良好和较差农田基础设施程度；其中，每个指标的权重由层次分析法确定。通过从无人机高分辨率图像中提取有用的分类特征，使用基于样本的监督分类方法提取每个农田基础设施的信息，提取结果如图7-4所示。以此为基础，在研究区域的126个评价单元中进行评级。评价结果与研究区域的实际情况一致，为农田基础设施水平的定量评估、科学利用和建设管理提供了科学依据。

（5）案例5　Manuel Reese等（2024）利用无人机和深度学习技术对农田自然价值进行评估。欧盟认定的高自然价值（high nature value，HNV）农田的要素是“低强度、低投入系统，结构多样性较高”。该研究主要关注农田的结构多样性，并提出了结构自然价值（structural nature value，SNV）这一指标，评估示例如图7-5所示。利用卷积神经

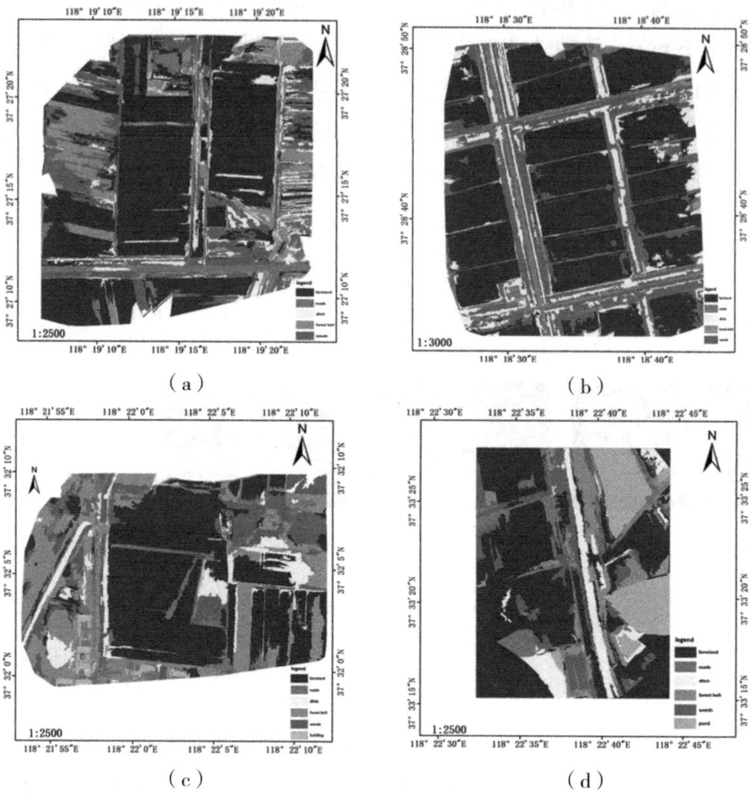

图 7-4　农田基础设施识别结果（Jingrui Pan，2023）

网络从多光谱无人机图像上获取 SNV 指标，识别结果如图 7-6 所示。基于识别的 SNV 指标对农田自然价值进行评估。

该研究采用大疆 P4 无人机，搭载多光谱相机，飞行高度为 110 m。允许直观估算景观部分的物种丰富度，再基于卷积神经网络来预测 SNV 指标。为了进行准确性评估，该研究还组织专家调查，要求参与者评估不同景观区块的 SNV 指标，旨在获得独立的测试集。CNN 实现了平均加权 F1 分数为 0.81，总体准确度为 81%。该研究结果表明，基于无人机图像可以对大规模农业生物多样性进行调查。该方法受天气因素的影响较小，并能提供监测目标的超高分辨率正射影像。深度学习技术结合无人机遥感技术可以有效降低大规模农田生物多样性监测的成本。

（6）案例 6　Mengmeng Du 等（2022）利用无人机 LiDAR 技术进行农田地形的精准测绘。地形图能够提供地面高程变化的详细信息，这对于精准农田平整至关重要。该研究采用六旋翼无人机搭载高精度 LiDAR 测距仪（fENOPTlK，德国耶拿），采用 2 个 GNSS 模块以 PPK 方式在 10 Hz 频率下计算三维定位坐标；其中，一个 GNSS 模块安装在无人机顶部作为流动接收器，另一个 GNSS 模块安装在田野附近作为基准接收器。该研究在河南省的 2 个田地进行了地形测绘，飞行速度 5 m/s，飞行高度 30 m。最终得出，UAV-LiDAR 地形测绘系统的高程数据与实地真值数据之间的均方根误差（RMSE），分别为 4.1 cm（田块 1）和 3.6 cm（田块 2），证明了地形测绘系统的可行性和高精度。此外，还评估了使用不同地

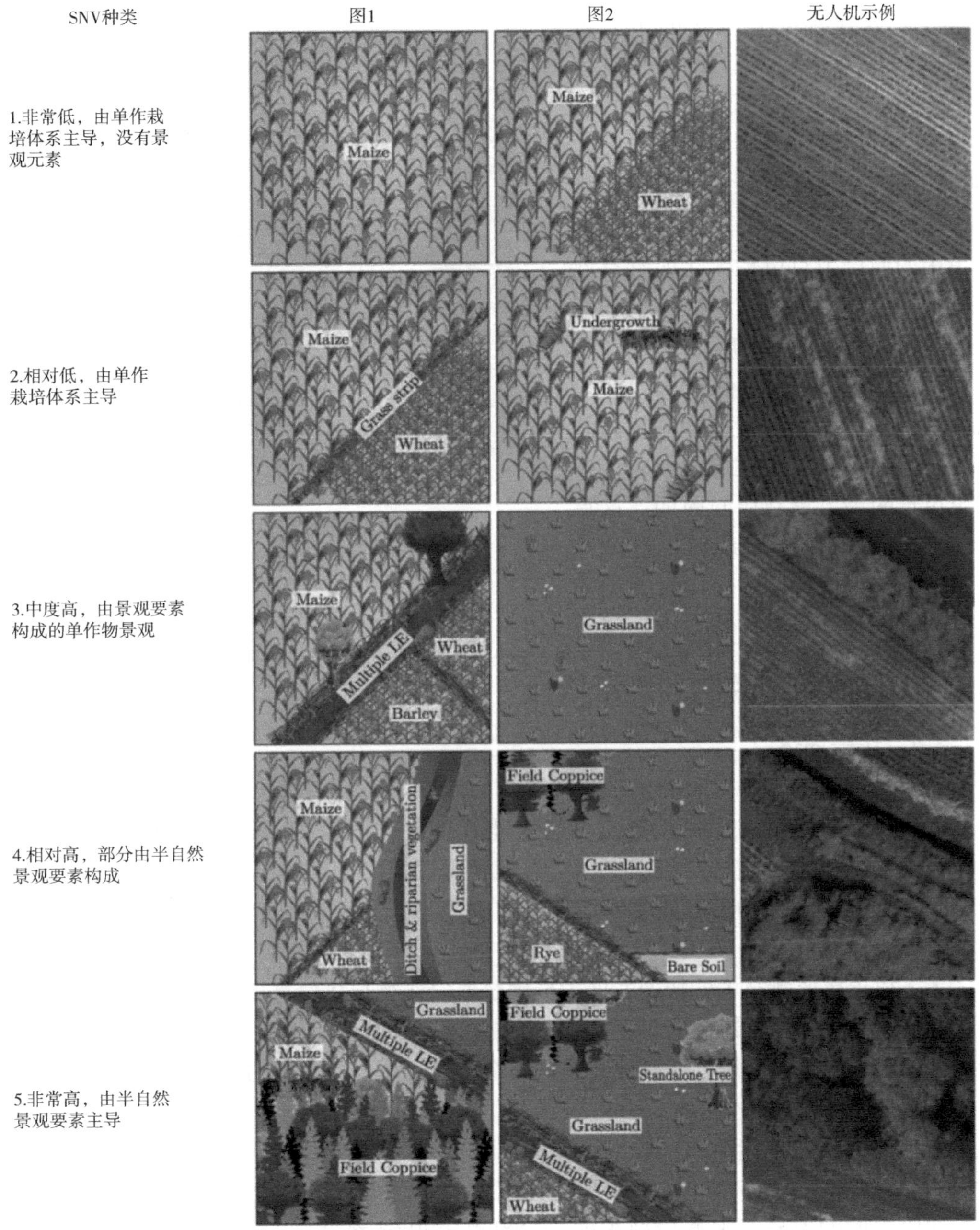

图 7-5　基于 SNV 指标的评估示例（Manuel Reese，2024）

理空间插值模型生成的地形图的准确性。结果表明，三角不规则网格（TIN）插值模型表现出最佳性能。此外，随着地形测量点的空间分辨率从 5 m×0.5 m 增加到 2.5 m×0.5 m，基于 TIN 插值模型的地形图的准确性从 7.7 cm 显著提高到4.6 cm。该研究证明 UAV-LiDAR 地形测绘系统可成功用于生成高精度的地形图，为精准农田平整提供有效信息。

（7）案例 7　通过无人机获取的高分辨率遥感数据和通过无线传感器网络（WSN）获

取的长期地面感知数据，是评估农田质量空间变化和时间变化的重要依据。Feiyang Zhang 等（2020）设计了一种改进的 UAV-WSN 监测系统来充分整合这 2 种监测系统获取的数据。该系统基于一种新的数据传输优化路由协议（DTORP），选择 WSN 群集中的通信节点以最大化能够有效传输的数据量，可以在单次飞行任务中同时收集高分辨率的 UAV 图像和长期的 WSN 数据。结果表明，所提出的系统提供了更大量的传输数据总量、更高的能量利用效率以及比传统系统更长的最大重新访问周期。这意味着 UAV-WSN 监测系统在整体性能和增强长期大范围农田质量数据采集潜力方面优于现有系统，也从侧面反映了无人机遥感技术对农田质量评估的重要性。

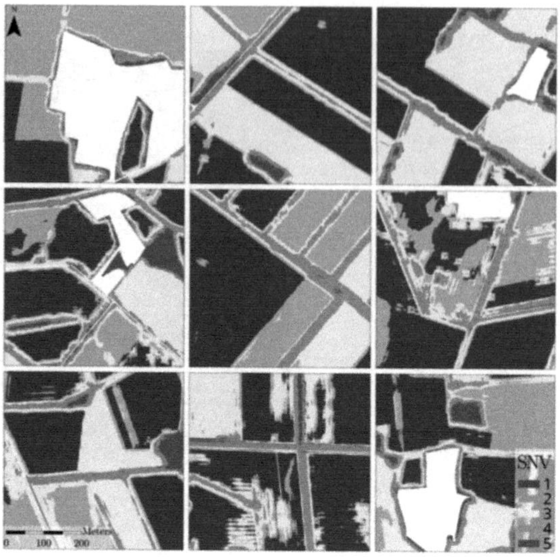

图 7－6　基于无人机图像的 SNV 指标识别结果（Manuel Reese，2024）

7.2.2　作物长势监测和产量估计

7.2.2.1　场景描述

监测作物长势有助于及时发现生长异常、病虫害、逆境胁迫等问题，以便及时采取保护措施确保作物产量。作物长势监测是农业管理优化的基础，通过及时了解作物生长速度、植被覆盖率、生物量等关键指标，管理者可以及时调整灌溉和施肥策略，优化农田资源利用，提高农作物的生产效率和质量。监测作物长势还有助于确定适宜的收获时间，以最大化作物产量。

无人机遥感监测技术的快速发展为准确获取农作物长势信息提供了一种有效的途径。无人机上搭载的成像传感器主要包括高光谱传感器、RGB 传感器和多光谱传感器，能够以厘米级至分米级的空间分辨率获取地面作物图像。基于无人机遥感的作物长势监测可综合利用多种指标来评估作物的生长状态和健康状况，常用于反映作物长势的监测指标有：

（1）归一化植被指数（normalized difference vegetation index，NDVI）　NDVI 是最常用的遥感指标之一，用于评估植被的绿度和生长活力。NDVI 通过计算可见光波段和近红外波段之间的差异，来衡量植被的光合活性和叶绿素含量。高 NDVI 值通常表示较高的植被覆盖和生长状况。

（2）叶面积指数（leaf area index，LAI）　LAI 是描述作物叶面积密度的指标，可用于评估作物的生长状况和植被覆盖程度。LAI 反映了作物叶片的数量和密度，对预测作物的光合作用和生产力具有重要意义。

（3）土壤调查指数（soil adjusted vegetation index，SAVI）　SAVI 是一种修正的植被指数，考虑了土壤的反射特性。它在计算 NDVI 时引入了一个土壤调整系数，以减少土壤背景对植被指数的影响。SAVI 适用于具有高度裸露土壤或低植被覆盖的地区。

（4）热红外指数（thermal infrared index）　热红外指数利用热红外波段的反射或辐射温度数据，评估作物的蒸散发和水分应力。它可以揭示作物的热状态和水分利用效率，对于作物生长监测和干旱应对具有重要意义。

7.2.2.2　应用研究案例

（1）案例 1　Jian Zhang 等（2020）使用大疆 M600 无人机，搭载 Micasense 红边多光谱相机，对油菜苗的长势进行监测。该研究利用 GS-NDVI 和 LAI 来反映油菜苗的长势，所采用的多光谱相机包含蓝光（475＋20 nm）、绿光（560＋20 nm）、红光（668±10 nm）、近红外（840＋40 nm）和红边（717＋10 nm）共 5 个波段，空间分辨率为 1 280×960 像素，对比了不同飞行高度和地面采样间隔对长势参数估计的影响。共采用了 9 个光谱参数，其中近红外波段范围内 4 个，分别是 NDVI、GNDVI、DVI、OASVI；可见光波段范围内 4 个，分别是 ExG、ExR、ExG-ExR、NDV；红边波段范围内 1 个，是 NDRE。通过相关性分析，得到与 GS-NDVI 相关性最强的光谱参数为 NDVI（R^2＝0.826，RMSE＝0.024），而与 LAI 和 GS-NDVI 同时具有较强相关性的光谱参数为 NDRE（R^2＝0.717，RMSE＝0.695），相关性分析结果如图 7－7 和图 7－8 所示。

VI Type	VI Name	R^2				
		GSD = 1.35 cm GS-NDVI/LAI	GSD = 1.69 cm GS-NDVI/LAI	GSD = 2.61 cm GS-NDVI/LAI	GSD = 5.73 cm GS-NDVI/LAI	GSD = 11.61 cm GS-NDVI/LAI
RGB-VIs	EXG	0.055/0.011	0.061/0.014	0.061/0.013	0.002/0.007	0.063/0.015
	EXR	0.292/0.166	0.317/0.186	0.313/0.179	0.237/0.101	0.308/0.209
	EXG-EXR	0.135/0.055	0.148/0.063	0.148/0.061	0.051/0.005	0.155/0.076
	NDI	0.344/0.208	0.384/0.240	0.362/0.218	0.292/0.137	0.280/0.184
RE-VI	NDRE	0.790/0.712	0.808/0.717	0.812/0.716	0.760/0.698	0.706/0.670
NIR-VIs	NDVI	0.817/0.664	0.826/0.666	0.821/0.651	0.804/0.661	0.664/0.609
	DVI	0.728/0.558	0.712/0.554	0.713/0.501	0.740/0.587	0.655/0.605
	GNDVI	0.787/0.714	0.794/0.704	0.806/0.700	0.763/0.699	0.630/0.627
	OSAVI	0.782/0.621	0.774/0.621	0.773/0.573	0.777/0.634	0.667/0.617
	RGB-VIs		RE-VI		NIR-VIs	

图 7－7　GS-NDVI/LAI 与 UAV-VIs 之间的确定系数（Jian Zhang，2020）

VI Type：植被指数类型
VI Name：植被指数名称
RGB-Vis：RGB 植被指数
RE-VI：红边植被指数
NIR-Vis：近红外植被指数
EXG：超绿指数
EXR：超红指数
EXG-EXR：超绿减超红指数
NDI：归一化差异指数
NDRE：归一化差值红边指数
NDVI：归一化植被指数
DVI：差值植被指数
GNDVI：绿色归一化植被指数
OSAVI：优化土壤调节植被指数
GSD：地面采样距离
GS-NDVI/LAI：地面采样归一化植被指数/叶面积指数
R2：R2 决定系数
RMSE：均方根误差

VI Type	VI Name	RMSE				
		GSD = 1.35 cm GS-NDVI/LAI	GSD = 1.69 cm GS-NDVI/LAI	GSD = 2.61 cm GS-NDVI/LAI	GSD = 5.73 cm GS-NDVI/LAI	GSD = 11.61 cm GS-NDVI/LAI
RGB-VIs	EXG	0.058/1.235	0.058/1.235	0.058/1.235	0.059/1.216	0.058/1.236
	EXR	0.050/1.208	0.049/1.205	0.049/1.205	0.052/1.219	0.049/1.191
	EXG-EXR	0.055/1.232	0.055/1.230	0.055/1.230	0.058/1.234	0.055/1.229
	NDI	0.048/1.193	0.047/1.184	0.047/1.190	0.050/1.207	0.050/1.200
RE-VI	NDRE	0.027/0.701	0.026/0.695	0.025/0.697	0.029/0.732	0.032/0.741
NIR-VIs	NDVI	0.025/0.742	0.024/0.744	0.025/0.769	0.026/0.767	0.034/0.777
	DVI	0.032/0.897	0.033/0.906	0.033/0.967	0.032/0.888	0.035/0.838
	GNDVI	0.027/0.696	0.027/0.704	0.026/0.714	0.029/0.731	0.036/0.772
	OSAVI	0.028/0.817	0.028/0.821	0.028/0.890	0.028/0.821	0.034/0.782

RGB-VIs　RE-VI　NIR-VIs

图 7-8　GS-NDVI/LAI 与 UAV-VIs 之间的均方根误差（Jian Zhang，2020）

VI Type：植被指数类型

VI Name：植被指数名称

RGB-Vis：RGB 植被指数

RE-VI：红边植被指数

NIR-Vis：近红外植被指数

EXG：超绿指数

EXR：超红指数

EXG-EXR：超绿减超红指数

NDI：归一化差异指数

NDRE：归一化差值红边指数

NDVI：归一化植被指数

DVI：差值植被指数

GNDVI：绿色归一化植被指数

OSAVI：优化土壤调节植被指数

GSD：地面采样距离

GS-NDVI/LAI：地面采样归一化植被指数/叶面积指数

R2：R2 决定系数

RMSE：均方根误差

由于通常光谱参数是从油菜冠层中提取的，因此油菜冠层下部叶片可能无法被检测到；通过 VI * PH_{DSM}（从 DSM 模型中获取的高度）可以用来弥补这一不足。当采样间隔为 1.35～2.61 cm，对应高度为 22～44 m，NDRE * PH_{DSM}与 LAI 的相关性最好，结果如图 7-9 所示。当采样间隔超过 5.73 cm、飞行高度大于 88 m 时，相关系数会降低；这是因为当飞行高度增加时，从 DMS 模型中获取高度信息的精度会下降。

（2）案例 2　Sadia Alam Shammi 等（2024）利用无人机多光谱遥感技术对大豆长势进行监测，并利用光谱指数预测大豆产量。该研究采用的是大疆精灵 4 无人机，内置多光谱相机，图像尺寸为 1 600 ×1 300 像素，包含 5 个波段（蓝、绿、红、红边和近红外）。采集时间从 5 月底种植开始持续至 9 月中旬收获时期，覆盖了大豆完整生长周期。飞行高度为 50 m。采集图像用 Pix4DMapper 生成宽带 RGB 正射图像，以及窄带绿色、红色、红边缘和近红外正射图像。正射图像被导入 ArcMap，以根据不同处理方法绘制每个试验区域的边界。该研究共采用 14 个光谱指数，并分别基于线性回归（LR）、支持向量机（SVM）和随机森林（RF）建立产量预测模型。

结果表明，Canopy Cover（CC）、Normalized Difference Vegetation Index（NDVI）、

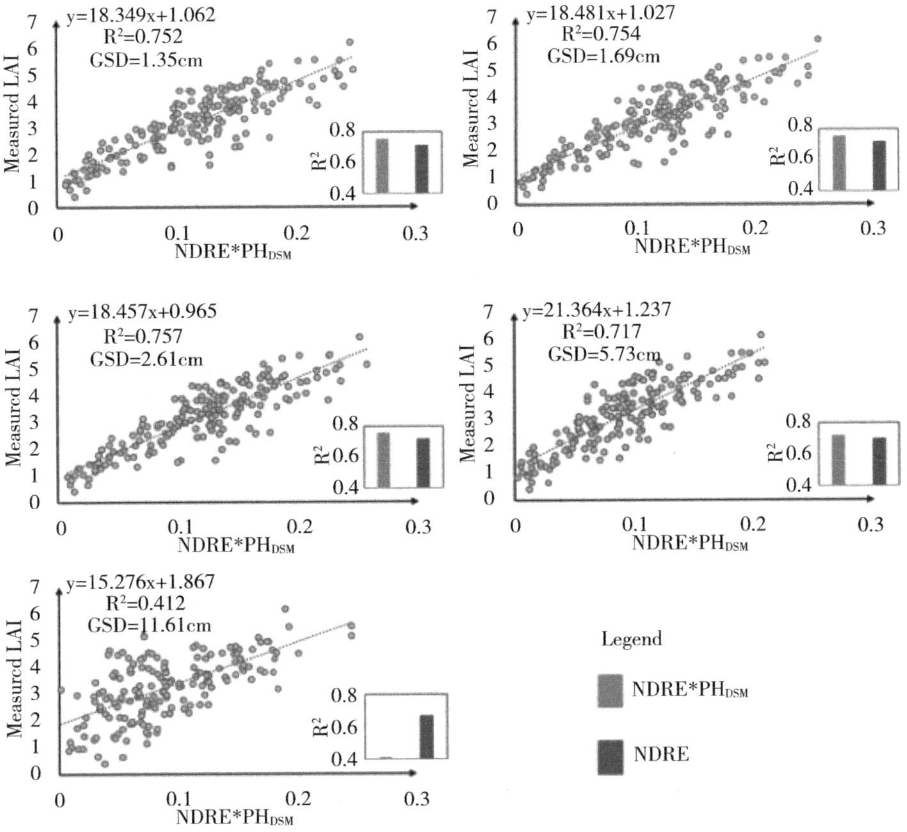

图 7-9 基于 NDRE * PH_{DSM}估计的 LAI（Jian Zhang，2020）

LAI：叶面积指数

PH_{DSM}：数字表面模型中的植物高度

NDRE：归一化红边植被指数

Measured LAI：测量的叶面积指数

NDRE * PH_{DSM}：归一化红边植被指数乘数字表面模型中的植物高度

Normalized area vegetation index（NAVI）3 个光谱指数对产量预测效果最好，基于随机森林算法构建的产量预测模型效果最好，与真实产量间的决定系数分别为 0.872、0.849、0.849。

（3）案例 3 Yihan Yao 等（2024）利用无人机多光谱遥感技术对玉米的生长阶段进行检测。采用的是大疆精灵 4 无人机，搭载 1 个 RGB 传感器和 5 个用于多光谱成像的单色传感器。其中，单色传感器包括红、绿、蓝、红边（RE）和近红外（NIR）波段。无人机飞行高度为 20 m，重叠率设置为航向 80%、旁向 75%。使用 DJI Terra（V4.0.1）进行图像拼接，使用 ENVI（5.3）从无人机图像中提取每个种植小区的感兴趣区域（ROIs）的 5 种常用植被指数，分别是绿色归一化差异植被指数（GNDVI）、叶绿素指数（LCI）、红边归一化差异指数（NDRE）、归一化差异植被指数（NDVI）、优化土壤调整植被指数（OSAVI）和数字表面模型（DSM）。

玉米的生长时期分为出苗期（ES）、三叶期（TLS）、拔节期（JS）、小喇叭口期（STS）、大喇叭口期（BTS）和抽穗期（TS）共 6 个阶段。该研究利用光谱指数对玉米生长阶段进行预测，最高准确率达到 0.904。通过分析光谱指数、纹理特征与叶绿素含量（LCC）、叶面积指数（LAI）和植被覆盖度（FVC）等玉米表型特征的相关性，发现光谱指数和纹理特征与玉米表型特征相关性较强，OSAVI 与 LCC 的相关性最强（相关系数为 0.847），GNDVI 与 LAI、FVC 的相关性最强（相关系数分别为 0.498、0.658）。在纹理特征中，Mae 与 LCC、LAI、FVC 的相关性最强（相关系数分别为 0.735、0.574 和 0.654）。这说明玉米植物表型特征可以用来识别生长阶段；结果也表明，基于玉米表型特征对不同生长阶段进行区分效果最佳，准确率为 0.946，高于利用光谱指数识别结果。玉米不同生长阶段映射结果如图 7-10 所示。

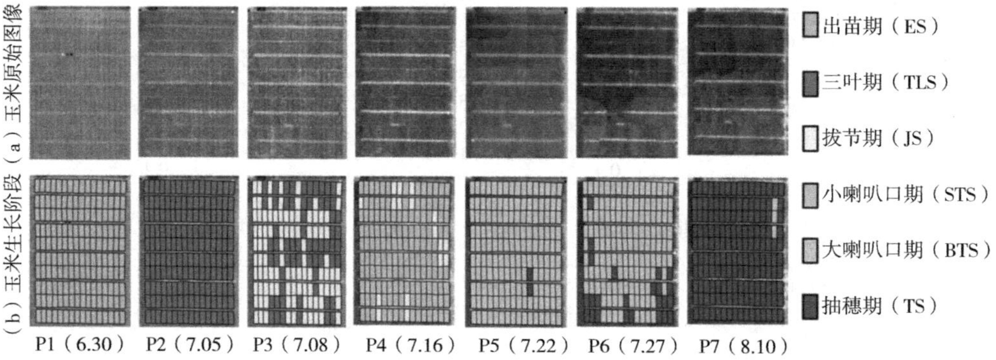

图 7-10　玉米不同生长阶段映射结果（Yihan Yao，2024）

（4）案例 4　Vijayakumar V 等（2023）基于无人机遥感技术结合机器学习技术，结合不同层次图像对柑橘进行识别和计数，进行柑橘产量预测。该研究共采用 3 个层次的数据：一是基于无人机采集的多光谱数据和 RGB 图像数据，二是基于手持相机拍摄的柑橘树东西两侧图像，三是基于手持相机拍摄的柑橘树前后两侧图像。无人机采用大疆精灵 4 Pro+，搭载大疆精灵 4 Pro+ RGB 相机和多光谱相机（RedEdge-M，Micasense，WA，USA），飞行高度为 122 m。

利用 Agroview 软件从无人机图像获取柑橘树的树高、冠幅面积和树木健康/压力数据等单个树木结构信息，结合地面拍摄的单侧柑橘树图像，利用深度卷积神经网络 YOLO3 对图像中的柑橘数量进行计数，检测整体精度高达 0.96。利用回归模型对产量进行预测；其中，基于偏最小二乘法（PLSR）的产量预测准确率最高，平均绝对百分比误差为 23.45%。结果表明，无人机图像对提取树木的光谱值和结构参数非常重要，使用无人机数据和地面数据比仅使用地面数据更可靠。

7.2.3　作物病虫害监测

7.2.3.1　场景描述

传统病虫害监测方法主要依靠人工，由植保部门的专业技术人员进行田间调查；对于微小到肉眼不可见的害虫，还需要采样至实验室中进行观察统计；不仅费时、费力，而且存在覆盖范围小、效率低、主观性强等缺点。

由于不同植物具有不同的生理结构和生理生化特性，因此其对电磁波的反射特征也不相同。当受到细菌、真菌、病毒等病原体侵染时，作物体内细胞色素的含量和类型会发生变化，细胞结构会被破坏，并会造成细胞和组织的死亡。当受到虫害侵害时，由于害虫的啃噬、刺吸等取食行为，作物的形态结构和叶绿素、类胡萝卜素等色素会遭到破坏；同时，有些害虫会分泌蜜露等物质附着在作物表面，影响植物的光合作用等正常生理功能。因此，当受到病虫害胁迫时，作物相应的电磁波反射特性会发生改变，表现出与正常农作物不同的特性，可以通过无人机遥感对作物的病虫害胁迫进行监测。

7.2.3.2 应用研究案例

（1）案例 1 Jaafar Abdulridha 等（2020）利用无人机可见光/近红外高光谱成像系统对南瓜白粉病的不同发病阶段进行检测。该研究采用的是大疆六旋翼无人机 M600 Pro，搭载瑞森可见光/近红外高光谱相机（Resonon Pika L 2.4），光谱范围为 380～1 020 nm，光谱分辨率为 2.1 nm，共 281 个波段，视场角为 15.3°。数据采集时，飞行高度为 30 m，飞行速度为 1.5 m/s。每株植物手动选择感兴趣区域（ROI），每个 ROI 包含 4 个像素，每株植物选择 4 个 ROI，每个发病阶段的总样本量是 20 株植物。图 7－11 展示了白粉病不同侵染阶段的无人机高光谱平均曲线。可以看出，蓝光（400 nm）、绿光（520～550 nm）、红光和红边范围的光谱反射率随着侵染程度的增加而增加。利用 RBF 算法构建白粉病不同阶段的检测模型，对于无症状和早期阶段的检测准确率达到 89%，对于严重阶段的检测准确率能达到 99%。该研究充分表明，通过机载高光谱可以对白粉病的不同侵染阶段进行检测。

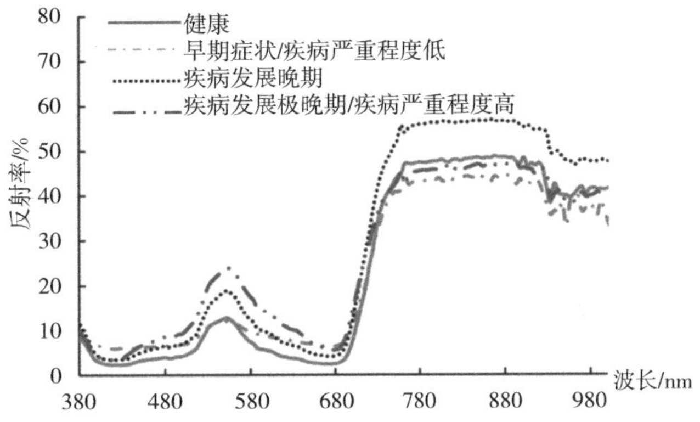

图 7－11 白粉病不同侵染阶段的无人机高光谱平均曲线（Jaafar Abdulridha，2020）

（2）案例 2 Tao Liu 等（2020）使用无人机高光谱遥感技术对稻田中的稻纵卷叶螟危害进行检测。该研究采用北京麦飞科技有限公司开发的无人机高光谱系统，无人机采用的是大疆经纬 M210，高光谱的波段范围为 338～822 nm，光谱分辨率为 1 nm，视场角为 25°。无人机采样时，飞行高度为 5 m，飞行速度为 2 m/s。根据卷叶率将稻纵卷叶螟的侵害程度划分为 5 个水平。由图 7－12 可以看出，随着卷叶率升高，近红外（760～800 nm）范围内的光谱反射率明显

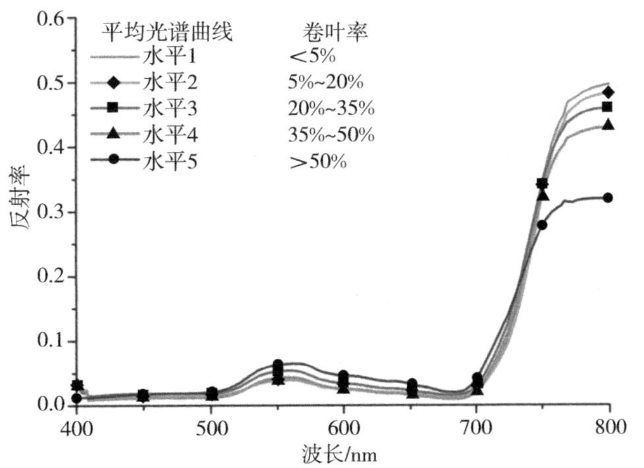

图 7－12 5 种侵染程度的平均冠层光谱曲线（Tao Liu，2020）

下降。

通过相关性分析选择特征波段构建光谱参数，结果表明新提出的双波段光谱指数（R490-R470）、三波段光谱指数（R400-R470）/（R400-R490）和已发布的光谱指数光化学反射指数（R550-R531）/（R550＋R531），在估算卷叶率方面表现良好。由图 7－13 可以看出，双波段光谱指数和三波段光谱指数得出的空间分布相似。这一结果表明，新开发的光谱指数可被推荐作为研究区域卷叶率估计的指标，而已发布的指数可作为监测稻纵卷叶螟的通用光谱指数。

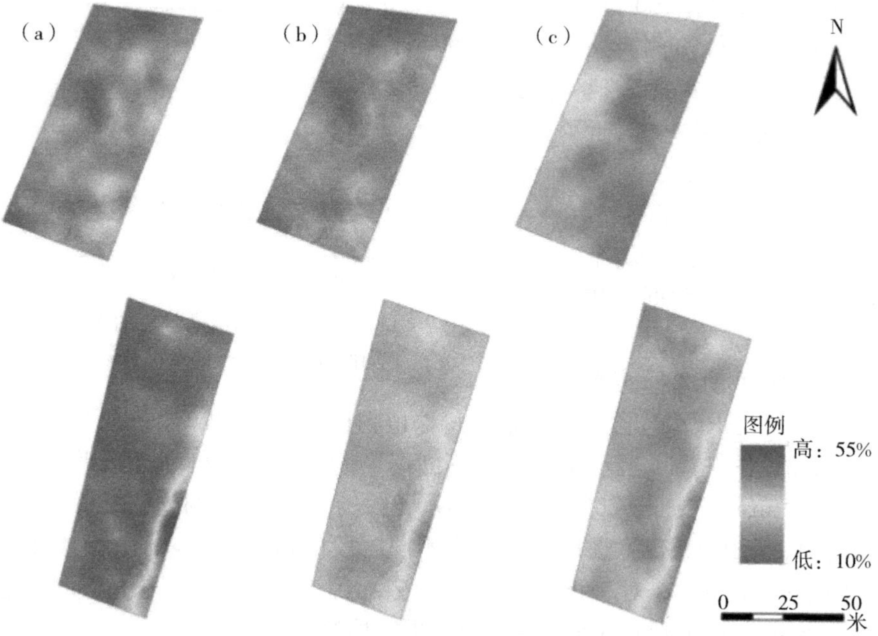

图 7－13　基于 kriging 方法的卷叶率映射图（Tao Liu，2020）
(a)（R490-R470），(b)（R400-R470）/（R400-R490），(c)（R550-R531）/（R550＋R531）

(3) 案例 3　Ruyi Zhao 等（2022）基于无人机和深度学习技术对小白菜上的害虫虫洞进行检测。虫洞检测的可视化结果如图 7－14 所示。采用 SG906 MAX1 无人机，搭载分辨率为 4 096 ×3 072 的高性能 RGB 成像系统，飞行高度为 2 m。在温室中采集 3 个不同生长阶段的小白菜图像。该研究提出了一种基于改进的 CenterNet 的病害目标检测方法。该方法结合了注意力机制和 DIoU 损失，实现了 48.4％的 AP、87.2％的 AP50 和 94.7％的 R2 的检测结果。

(4) 案例 4　Xin Zhang 等（2019）利用无人机高光谱成像技术和深度学习技术对冬小麦黄锈病进行检测。采用大疆 S1000 无人机系统，搭载高光谱传感器（UHD 185 Firefly，Cubert GmbH），光谱范围为 450～950 nm，光谱分辨率为 4 nm，成像像素为 1 000×1 000。引入多个 Inception-Resnet 层对深度卷积神经网络（DCNN）进行改进，能够同时利用空间信息和光谱信息来进行黄锈病的检测，模型的整体准确率（0.85）高于随机森林分类器（0.77）。结果表明，结合光谱信息和空间信息可以显著提高在冬小麦整

图 7-14 虫洞检测的可视化结果（Ruyi Zhao，2022）

个生长阶段的黄锈病检测准确性。这项研究进一步证实了无人机遥感技术结合深度学习技术在作物病害检测方面具有很大潜力。

7.2.4 鼠害和杂草监测

7.2.4.1 场景描述

据联合国粮食及农业组织（FAO）估计，每年因鼠害造成的粮食损失可达 5%～10%；在一些鼠害严重的地区，这一比例可能更高。传统防治手段包括：物理防治，即通过布设捕鼠器灭杀；此方法在大面积农田里效果有限。化学防治，即通过投放老鼠药灭鼠；投放不当容易造成二次污染。

杂草是农业生产中一个长期且难以完全解决的问题，人工除草成本太高；目前，多以喷洒除草剂方式进行防治，容易造成环境污染。随着智慧农业技术的发展，激光除草、火焰除草等新技术逐渐出现，这些新技术均需要以对杂草的精确识别作为基础。

无人机可以获取高精度的地面可见光图像，借助人工智能算法，可以进行地面特定目标的准确识别，如识别鼠洞、杂草，从而进行精准防治。

7.2.4.2 应用研究案例

（1）案例 1 2020 年匈牙利暴发了一场严重的冬麦田鼠害，鼠类繁衍速度非常快，鼠害面积超过 390 hm^2。如果采用人工巡田、手动向鼠洞投放药物的传统方法，不仅耗费人力，也难以在短时间内完成防治。大疆农业匈牙利代理 Planta Drone 收到了来自客户的“灭鼠”请求，经过仔细评估，决定采用大疆 P4M 无人机快速识别所有鼠洞的具体位置，然后用农业无人机进行精准药物播撒。得益于 P4M 无人机获取的高分辨率可见光图像，通过自研算法快速从中识别出了所有鼠洞具体位置，将图像信息导入大疆智图生成三维航线及播撒任务，通过农业无人机实现对鼠洞中心点的精准药物投放。最终，Planta Drone 团队用了 10 d 时间完成了 391.26 hm^2的播撒任务，消灭超过 9 000 个鼠害点，防治效果显著。据用户统计，该项目成功节省人工费在 30%以上、节省材料成本在 33%以上，平均每公顷节约的成本为 35 欧元（约合人民币 280 元），共计节省 1.37 万欧元（约合人民币 10.92 万元），并最大限度地降低了鼠害带来的减产影响。

（2）案例 2 Reedha 等（2022）利用无人机遥感监测技术和深度学习技术来识别甜菜、欧芹、菠菜种植地中的杂草。研究者使用星际无人机（Starfury），搭载索尼 ILCE-7R 相机（像素为 3 600 万），在甜菜种植地里飞行高度是 30 m，在菠菜和欧芹种植地里飞行高度是 20 m；共采集杂草图片 4 000 张，菠菜、欧芹和甜菜图片合计 15 265 张。通过采用 transformer encoder 自然语言处理神经网络，并增加注意力机制，对杂草识别的 F1 得分最高能达到 0.994。无人机对田地中杂草的精准识别，为后续自动除草系统和精准除草剂喷施奠定了基础。

（3）案例 3 美国农户普遍采用大豆、玉米轮作的种植方式。在玉米收获季，联合收割机中掉落的玉米粒会在春天发芽，与轮作的大豆抢夺营养、阳光和水分，导致大豆减产。而且，美国大约 70%的玉米都是抗草甘膦的转基因作物，对除草剂有很强抗性。以拥有 2 000 英亩农田的艾奥瓦州农户 Kyle Miller 为例，如果不对玉米杂草做处理，将遭受约 3 000 美元的损失。以往 Miller 使用拖拉机进行全田喷洒，不仅浪费农药，还会轧苗、压实土壤，进而导致减产。为解决上述问题，Miller 决定使用 DJI＋Agremo 的联合解决方案来进行针对性的点喷除草作业。首先，使用精灵 4（多光谱版）采集农田可见光和多光谱影像，通过 Agremo 拼接生成正射影像图；基于人工智能分析，检测杂草；根据杂草严重程度，转为“无杂草、轻度杂草、重度杂草”3 个程度的点喷处方图。随后，大疆 T30 根据处方图开始喷洒作业，30 min 便完成了杂草点喷处理。实地抽样检测结果表明，该次精准作业点喷准确率超过 95%。由于采用精准作业，减少了药剂使用，除草剂成本降低了约 40%。此外，由于没有拖拉机的碾压，作物产量更高，综合收益更好。

7.2.5 植物表型组学研究

7.2.5.1 场景描述

植物表型组学通过全面定量化描述植物的形态、结构、生理和生化特征，来解析基因和目标性状的关系；用于分析基因型-表型关联、表型变异的遗传机制，以及植物对环境变化的响应和适应机制。通过对大量的植物表型数据进行整合和分析，可以加速育种进程，筛选出具有理想表型特征的优良品种。此外，植物表型组学还被广泛应用于农业生产、环境监测和生态研究等领域。传统表型测定主要通过手动测量，操作烦琐、耗时长且需要大量劳动力。快速育种和精准栽培的发展对表型测定的通量、准确性、重复性和创新性提出了新的要求。

遥感监测方式是一种非接触式获取目标信息的方式，为非破坏性及可重复性植物表型获取提供了新视角。随着平台技术的发展，基于无人机的遥感监测技术成为快速高效获取高通量表型特征的手段之一。通过高分辨率可见光相机和激光雷达，无人机遥感平台可快速获取株高、结构参数等形态特征，用于分析植物的生长速率和发育阶段等。利用无人机高分辨率影像可以估算植被覆盖密度和叶面积指数，用于评估植物的生长状态、光合作用效率和生物量积累。通过搭载高光谱相机或多光谱相机，可以获取植物的光谱信息，用于分析植物的叶绿素含量、植物健康状况、光合作用效率和胁迫响应等。无人机搭载热像仪可以获取植物表面的热红外图像，并对植物的温度分布进行测量。这对于研究植物的水分利用效率、蒸腾作用和胁迫响应具有重要意义。

7.2.5.2 应用研究案例

（1）案例1 Chiranjibi Poudyal 等（2023）利用无人机遥感高光谱成像技术对甘蔗苗的表型特征进行提取，包括叶绿素指数（SPAD）、叶面积指数（LAI）、植株高度、归一化差异植被指数（NDVI）等。该研究采用大疆经纬 M600 Pro 无人机，搭载 Pika-L 2.4 高光谱成像传感器（Resonon Inc.，Bozeman，MT，USA），波段范围为450～1 100 nm，光谱分辨率为 4 nm，视场角为 17.6°，飞行高度为 121.92 m。使用 Spectronon 软件（Spectronon Pro，Resonon）提取了兴趣区域的高光谱波长，共分为150个波段。采用梯度提升回归树算法进行特征预测，发现对株高的预测准确率可以达到 89.2%，对 LAI 的预测准确率最高可达到 81.6%。

（2）案例2 玉米植株在地块中密集分布；随着叶片的生长，它们会相互遮挡，难以估算玉米高度。Min Gao 等（2022）利用无人机激光雷达和可见光影像对玉米进行分割和高度估计。采用大疆 M600 Pro 无人机，搭载蜂鸟微型激光雷达系统采集玉米 3D 点云数据，数据格式是 LAS1.2。采用大疆精灵 4 Pro 获取玉米 RGB 图像并生成正射影像。数据采集时，无人机飞行高度为地面以上 25 m，飞行速度为 3 m/s。无人机 LiDAR 扫描设置为前方和侧方均有 40%的重叠，无人机 RGB 图像在 2 个方向上有 80%的重叠。

该研究首先采用超绿检测与形态滤波从数字正射影像中提取了玉米种子点集；其次，基于种子点集对玉米种群点云进行了分割；最后，计算了个体点云的最大高程值与裸地数字地形模型（DTM）的平均高程值之间的差异，用于个体植株高度估计。通过对比 DTM 模型的平均海拔值和激光点云的最高海拔值来获取玉米的植株高度，与实测高度的决定系数达到 0.95。

（3）案例3 Selvaraj 等（2020）基于无人机多光谱遥感技术，对木薯地上生物量和地下生物量进行关联分析。采用大疆 S1000 无人机，搭载 RedEdge 多光谱相机（MicaSense），包含红、绿、蓝、近红外和红边共 5 个波段范围，波长范围分别为 455～495 nm、540～580 nm、658～678 nm、800～880 nm 和 707～727 nm。

该研究开发了一个 CIAT Pheno-i 的自动化图像分析框架，用于从多光谱图像中提取试验小区内的植被指数/冠层指标，如归一化差异红边（NDRE）、归一化植被指数（NDVI）、绿色归一化植被指数（GNDVI）等。在木薯的不同关键生长阶段，利用地面真实数据和从多光谱传感器获得的植被指数构建了多元线性回归模型。最终得到基于多时相（伸长期和膨胀后期）的 GNDVI 与地下生物量（BGB）相关性更好，相关系数 R 可达到

0.77。利用无人机平台快速获取表型信息，有助于加快木薯种质资源和品种选择过程。

（4）案例 4 南京农业大学前沿交叉研究院的 Guohui Ding 等（2023）利用低成本无人机平台采集了 54 个小麦品种冠层尺度的 RGB 图像，数据覆盖 3 个氮肥梯度、486 个小区、10 个关键生育时期。通过其课题组研发的无人机表型自动分析软件 AirMeasurer 提取了植株形态、光谱及纹理特征等 6 个氮响应相关性状，结合曲线拟合、主成分分析、机器学习及全基因组关联分析等手段，实现了施氮后小麦对氮素动态响应的高通量表型监测、品种氮响应类型的精准建模预测以及氮响应相关候选基因的高效挖掘。

（5）案例 5 南京智农云芯大数据科技有限公司研制的 PhenoAI air 无人机一体化分析系统，集无人机高效采集和图像智能分析于一体，是国内首个植株级和小区级的无人机自动化表型分析系统，能帮助用户快速测量苗情苗势，进行抗逆选育等。可自动化提取各类大田植物和草业的农艺性状并精准量化表型信息，不论是高光谱图像、多光谱图像，还是可见光图像，都可一键分析、精准分割；同时，分析图表可自动化保存，并描出植被轮廓方便用户查看识别精度。广东省农业科学院水稻研究所基于高光谱版 PhenoAI air 实现了对水稻不同品种的全生育期监测。

（6）案例 6 为了在水分胁迫条件下筛选大量与生长和产量相关的小麦基因型，澳大利亚维多利亚州农业局的 Vikas Sharma 等（2024）进行了无人机表型探测小麦水分胁迫响应及产量预测的研究。该研究采用了高通量表型分析方法，包括基于无人机的多光谱成像、先进的机器学习和深度学习回归模型；并进行了灌溉和雨养两个独立的田间试验；收集了株高、时间序列多光谱成像等性状的数据集，以及 553 个小麦基因型。根据产量指标、胁迫敏感指数和产量损失率，对小麦基因型进行了有效排序，并区分了它们对水分胁迫耐性的响应。结果表明，多光谱驱动的性状结合机器学习模型可以有效地对小麦大群体进行表型鉴定。这些方法可以集成到作物育种计划中，以开发耐水分胁迫的品种。

附 录
APPENDIX

附录 1 名词解释

名词	解释
俯仰角	在摄影测量学中，俯仰角是相机绕其横轴（前后方向）旋转的角度，表示相机的机头向上或向下倾斜的程度
横滚角	在摄影测量学中，横滚角是相机绕其纵轴（左右方向）旋转的角度，表示相机的左右倾斜程度
旋偏角	在摄影测量学中，旋偏角是相机绕其垂直轴（上下方向）旋转的角度，表示相机的朝向或方向
航带	在航空摄影中，航带是指相机在飞行过程中所拍摄的一系列重叠照片所覆盖的地面区域
无人机航测	无人机航空摄影测量
主光轴	主光轴是指通过相机光心（或透镜的光心）并且垂直于成像平面的虚拟线。在摄影测量学中，主光轴是相机视场的中心线，代表了相机拍摄时的主要观测方向
摄影基线	在航空摄影测量中，摄影基线是指两幅相邻航拍图像的中心点之间的水平距离
相对高度	在航空摄影测量中，相对高度是指航拍相机或无人机在拍摄时相对于地面目标的高度。它通常是指从相机拍摄位置到特定地面点的垂直距离
基高比	在航空摄影测量中，基高比是指摄影基线的长度与航拍设备飞行高度之间的比例关系，这个比率是影响三维重建和测量精度的重要参数。计算公式为基线长度（B）除以飞行高度（H），即基高比$=\frac{B}{H}$
内业	内业是指在办公室或实验室环境中进行的数据处理和分析工作
外业	外业是指在现场进行的实际操作，包括航拍和地面控制点的设置
空中三角加密	空中三角加密是立体摄影测量中，根据少量的野外控制点，在室内进行控制点加密，求得加密点的高程和平面位置的测量方法。其主要目的是为缺少野外控制点的地区测图提供绝对定向的控制点
连接点	连接点是指用于将不同航段或不同拍摄序列的影像进行配准和整合的地面控制点（GCP）或特征点

（续）

名词	解释
DEM	数字高程模型（digital elevation model，简称 DEM）是通过有限的地形高程数据实现对地面地形的数字化模拟（即地形表面形态的数字化表达）。它是用一组有序数值阵列形式表示地面高程的一种实体地面模型，是数字地形模型（digital terrain model，简称 DTM）的一个分支
DOM	数字正射影像图（digital orthophoto map，简称 DOM）是一种将航拍影像进行正射校正后生成的数字地图，消除了影像因地形起伏和拍摄角度导致的畸变
DLG	数字线划地图（digital line graphic，简称 DLG）是一种包含地物边界、线性特征（如道路、河流等）及其属性的数字化地图，通常采用点、线、面等矢量数据格式
RTK	实时动态载波相位差分技术（real-time kinematic，简称 RTK）是实时处理 2 个测量站载波相位观测量的差分方法；将基准站采集的载波相位发给用户接收机，进行求差解算坐标，能够在野外实时得到厘米级定位精度
PPK	后处理动态定位技术（post-processed kinematic，简称 PPK）是一种在数据采集后进行后处理的差分定位方法；通过对基站和移动站采集的卫星信号进行后期分析，计算出高精度位置
像控点	像控点是在实地布设并进行测定的控制点。它们是摄影测量控制加密和测图的基础，控制点选择的好坏和指示点位的准确程度直接影响成果的精度
检查点	检查点是用于检查摄影测量精度的点，其坐标一般已知
像主点	像主点是指摄影中心与像平面的垂线与像平面的交点
OGC	开放地理空间信息联盟（Open Geospatial Consortium），是一个非营利的国际标准化组织。它制定了数据和服务的一系列标准，GIS 厂商按照这个标准进行开发可保证空间数据的互操作
GeoJSON	GeoJSON 是一种用于表示地理特征的开放标准格式，基于 JSON（JavaScript Object Notation），能够有效地表示点、线、面、多点、多线、多面和几何集合等地理要素及属性
EGM96	EGM96（Earth Gravitational Model 1996）是一种用于测量和计算地球表面高程的全球标准模型，由国际地球自转与地球重力研究协会制定。它通过对地球表面上的重力场数据进行建模和插值，计算出各个地理坐标点的高程数值
EGM2008	EGM2008（Earth Gravitational Model 2008）类似于 EGM96，是目前广泛使用的高程基准之一
NAVD88	1988 年北美垂直基准面（North American Vertical Datum of 1988）是北美的垂直基准，用于测量高程和海拔
NAVD88（ftUS）	NAVD88（ftUS）是北美垂直基准 NAVD88 的一个版本，以英尺为单位表示高程
JGD2011（vertical）	JGD2011（Japan Geodetic Datum 2011）是日本的地理坐标基准。该基准中的垂直高程参考系统是 JGD2011（vertical），主要用于测量和表示高程
WCS	Web 覆盖服务（Web coverage service）是由 OGC 制定的标准，用于提供和共享地理空间覆盖数据，特别是栅格数据

（续）

名词	解释
WFS	WFS（Web feature service）是一种用于通过互联网提供地理要素数据的标准协议，主要由OGC制定。WFS会允许客户端请求和接收地理要素的矢量数据，包括点、线、面等
WMS	WMS（Web map service）是一种用于通过互联网提供地图图像的标准协议，主要由OGC制定。WMS会允许客户端请求地图图像并在Web上显示这些图像
WMTS	WMTS（Web map tile service）是一种用于通过互联网提供地图瓦片的标准协议，主要由OGC制定。WMTS会允许客户端按需获取地图的切片（瓦片），这些瓦片可以快速加载并在Web地图应用中显示

附录2　GeoTIFF键列表

键ID	描述
1024	模型类型代码。值为1表示投影坐标系，值为2表示地理经纬系，值为3表示地心（X，Y，Z）坐标系
1025	栅格类型代码，建立习惯的栅格空间坐标系统。值为1表示栅格像素是区域，值为2表示栅格像素是点
1026	文档，提供一个ASCII格式的引用，用于指向关于GeoTIFF文件整体配置的已发布文档
2048	地理类型代码。指出采用哪一个地理坐标系统
2049	文档，适用于所有的地理坐标系参数的一般的引文和参考
2050	大地基准点代码
2051	本初子午线代码
2052	线性单位代码
2053	线性单位大小，单位为米
2054	角的单位代码，允许定义自定义的GCS和椭圆体的地心坐标系线性单位
2055	角度单位的大小
2056	椭圆体代码，这个键可以用来指定地理坐标系的大地基准点里的椭圆体的编码
2057	提供自定义椭圆体Semi-Major轴（a）
2058	提供自定义椭圆体Semi-Minor轴（b）
2059	提供自定义的椭圆体的扁率参数（f）的倒数，值为比率
2060	指定方向或方位角的单位
2061	定义用户自定义的本初子午线，其位置由相对于格林威治的经度来定义
3072	投影坐标系类型代码

（续）

键 ID	描述
3073	文档，用于存储投影坐标系统（projected coordinate system，PCS）的引用信息。这一关键字允许用户在 GeoTIFF 文件中指定与所使用的投影坐标系统相关的文献或定义来源
3074	投影编码
3075	坐标转换编码
3076	线性单位编码
3077	定义自定义线性单位的尺寸，单位为米
3078	主标准纬线的纬度
3079	第二标准纬线的纬度
3080	地图投影自然原点的经度
3081	地图投影自然原点的纬度
3082	给出地图投影自然原点的东向坐标
3083	给出地图投影自然原点的北向坐标
3084	给出伪原点的经度
3085	给出伪原点的纬度
3086	给出伪原点的东向坐标
3087	给出伪原点的北向坐标
3088	投影的中心的经度
3089	投影的中心的纬度
3090	给出中心的东向坐标
3091	给出中心的北向坐标
3092	自然原点的比率
3093	在中心的比率
3094	通过投影中心的中心线相对于真北的东向方位角［适用于椭圆（Hotine）斜墨卡托投影］
3095	极地投影基准经线的经度
4096	垂直坐标系类型代码
4097	文档，该键用于垂直坐标系统及其参数的文档
4098	垂直坐标系数据编码
4099	线性单位编码

参考文献
REFERENCES

Abdulridha J, Ampatzidis Y, Roberts P, et al, 2020. Detecting powdery mildew disease in squash at different stages using UAV-based hyperspectral imaging and artificial intelligence [J]. Biosystems engineering (197): 135-148.

Ding G, Shen L, Dai J, et al, 2023. The dissection of nitrogen response traits using drone phenotyping and dynamic phenotypic analysis to explore N responsiveness and associated genetic loci in wheat [J]. Plant Phenomics (5): 128.

Du M, Li H, Roshanianfard A, 2022. Design and experimental study on an innovative UAV-LiDAR topographic mapping system for precision land levelling [J]. Drones, 6 (12): 403.

Gao M, Yang F, Wei H, et al, 2022. Individual maize location and height estimation in field from uav-borne lidar and rgb images [J]. Remote Sensing, 14 (10): 2292.

Ha T, Duddu H, Vandenberg A, et al, 2022. A semi-automatic workflow for plot boundary extraction of irregularly sized and spaced field plots from UAV imagery [J]. The Plant Phenome Journal, 5 (1): e20039.

Liu T, Shi T, Zhang H, et al, 2020. Detection of rise damage by leaf folder (*Cnaphalocrocis medinalis*) using unmanned aerial vehicle based hyperspectral data [J]. Sustainability, 12 (22): 9343.

Lu H, Wang H, Ma Z, et al. Farmland boundary extraction based on the AttMobile-DeeplabV3+ network and least squares fitting of straight lines [J]. Frontiers in Plant Science, 2023, 14: 1228590.

Pan J, Chang C, Wang Z, et al, 2023. Evaluation of the level of farmland infrastructure based on high-resolution images of UAV [J]. Sustainability, 15 (17): 12778.

Poudyal C, Sandhu H, Ampatzidis Y, et al, 2023. Prediction of morpho-physiological traits in sugarcane using aerial imagery and machine learning [J]. Smart Agricultural Technology (3): 100104.

Reedha R, Dericquebourg E, Canals R, et al, 2022. Transformer neural network for weed and crop classification of high resolution UAV images [J]. Remote Sensing, 14 (3): 592.

Reese M, Dasgupta A, Waske B, 2024. Farmland quality assessment using deep learning and UAVs [J]. Remote Sensing Applications: Society and Environment (35): 101235.

Selvaraj M G, Valderrama M, Guzman D, et al, 2020. Machine learning for high-throughput field phenotyping and image processing provides insight into the association of above and below-ground traits in cassava (*Manihot esculenta* Crantz) [J]. Plant methods (16): 1-19.

Shammi S A, Huang Y, Feng G, et al, 2024. Application of UAV multispectral imaging to monitor soybean growth with yield prediction through machine Learning [J]. Agronomy, 14 (4): 672.

Sharma V, Honkavaara E, Hayden M, et al, 2024. UAV remote sensing phenotyping of wheat collection for response to water stress and yield prediction using machine learning [J]. Plant Stress (12): 100464.

Vijayakumar V, Ampatzidis Y, Costa L, 2023. Tree-level citrus yield prediction utilizing ground and aerial machine vision and machine learning [J]. Smart Agricultural Technology (3): 100077.

Wu S, Su Y, Lu X, et al, 2023. Extraction and mapping of cropland parcels in typical regions of Southern China using unmanned aerial vehicle multispectral images and deep learning [J]. Drones, 7 (5): 285.

Yao Y, Yue J, Liu Y, et al, 2024. Classification of maize growth stages based on phenotypic traits and UAV remote sensing [J]. Agriculture, 14 (7): 1175.

Zhang F, Wang G, Hu Y, et al, 2020. Design of an integrated remote and ground sensing monitor system for assessing farmland quality [J]. Sensors, 20 (2): 336.

Zhang J, Wang C, Yang C, et al, 2020. Assessing the effect of real spatial resolution of in situ UAV multispectral images on seedling rapeseed growth monitoring [J]. Remote sensing, 12 (7): 1207.

Zhang X, Han L, Dong Y, et al, 2019. A deep learning-based approach for automated yellow rust disease detection from high-resolution hyperspectral UAV images [J]. Remote Sensing, 11 (13): 1554.

Zhao R, Shi F, 2022. A novel strategy for pest disease detection of *Brassica chinensis* based on UAV imagery and deep learning [J]. International Journal of Remote Sensing, 43 (19-24): 7083-7103.

图书在版编目（CIP）数据

无人机航测数据处理与农业应用 / 王帅，樊阳阳，齐康康著. -- 北京：中国农业出版社，2024. 12.

ISBN 978-7-109-33006-1

Ⅰ. V279；S126

中国国家版本馆 CIP 数据核字第 2025C9S508 号

无人机航测数据处理与农业应用

WURENJI HANGCE SHUJU CHULI YU NONGYE YINGYONG

中国农业出版社出版

地址：北京市朝阳区麦子店街 18 号楼

邮编：100125

责任编辑：冀　刚　胡烨芳

版式设计：王　晨　　责任校对：吴丽婷

印刷：中农印务有限公司

版次：2024 年 12 月第 1 版

印次：2024 年 12 月北京第 1 次印刷

发行：新华书店北京发行所

开本：787mm×1092mm　1/16

印张：10.75

字数：255 千字

定价：68.00 元
